JN021223

統計スポットライト・シリーズ 4

編集幹事 島谷健一郎・宮岡悦良

相関係数

清水邦夫 著

近代科学社

統計スポットライト・シリーズ
刊行の辞

データを観る目やデータの分析への重要性が高まっている今日，統計手法の学習をする人がしばしば直面する問題として，次の３つが挙げられます．

1. 統計手法の中で使われている数学を用いた理論的側面
2. 実際のデータに対して計算を実行するためのソフトウェアの使い方
3. 数学や計算以前の，そもそもの統計学の考え方や発想

統計学の教科書は，どれもおおむね以上の３点を網羅していますが，逆にそのために個別の問題に対応している部分が限られ，また，分厚い書籍の中のどこでどの問題に触れているのか，初学者にわかりにくいものとなりがちです．

この「統計スポットライト・シリーズ」の各巻では，３つの問題の中の特定の事項に絞り，その話題を論じていきます．

１は，統計学（特に，数理統計学）の教科書ならば必ず書いてある事項ですが，統計学全般にわたる教科書では，えてして同じような説明，同じような流れになりがちです．通常の教科書とは異なる切り口で，統計の中の特定の数学や理論的背景に着目して掘り下げていきます．

２は，ともすれば答え（数値）を求めるためだけに計算ソフトウェアを使いがちですが，それは計算ソフトウェアの使い方として適切とは言えません．実際のデータを統計解析するために計算ソフトウェアをどう使いこなすかを提示していきます．

３は，データを手にしたとき最初にすべきこと，データ解析で意識しておくべきこと，結果を解釈するときに肝に銘じておきたいこと，その後の解析を見越したデータ収集，等々，統計解析に従事する上で必要とされる見方，考え方を紹介していきます．

一口にデータや統計といっても，それは自然科学，社会科学，人文科学に渡って広く利用されています．各研究者が主にどの分野に身を置くかや，どんなデータに携わってきたかにより，統計学に対する価値観や研究姿勢は大きく異なります．あるいは，データを扱う目的が，真理の発見や探求なのか，予測や実用目的かによっても異なってきます．

本シリーズはすべて，本文と右端の傍注という構成です．傍注には，本文の補足などに加え，研究者の間で意見が分かれるような，著者個人の主張や好みが混じることもあります．あるいは，最先端の手法であるが故に議論が分かれるものもあるかもしれません．

そうした統計解析に関する多様な考え方を知る中で，読者はそれぞれ自分に合うやり方や考え方をみつけ，それに準じたデータ解析を進めていくのが妥当なのではないでしょうか．統計学および統計研究者がはらむ多様性も，本シリーズの目指すところです．

編集委員　島谷健一郎・宮岡悦良

まえがき

「相関」の語を手元の辞書で引くと，「二つのものが密接に関わり合っていること」や「相互に関係しあっていること」の意味とあり，「相関関係」は「二つのものが密接に関わり合い，一方が変化すれば他方も変化するような関係」や「一方が他方との関係を離れては意味をなさないようなものの間の関係」と説明されている．そうすると，統計学用語の「散布図 (scatter plot)」（相関図）は「二つの変数間の相関関係を表す図」，「相関係数 (correlation coefficient)」は「二つの変数間の相関関係の程度を示す数値」を表すのであろうと，たとえ統計学について多くの知識を持たなくても漠然と捉えることができる．

本書で扱う「相関係数」については，初等・高等を問わず，統計学の教科書において何らかの記述が見られるのではないかと思われる．また，現代では，インターネットなどを通して多くの人達が相関係数の用語に触れる機会を持つようになった．したがって，なんとなくは相関係数へのイメージが持たれていて，相関係数は -1 以上で 1 以下の値を取り，2 次元データを散布図としてプロットしたときの様子から，右上がりの傾向があれば正の相関，右下がりであれば負の相関，と正しく理解されているのではないだろうか．相関係数に関するこれらの性質を理解し使いこなすことにそれほど困難があるとは思われないが，相関係数が持つ性質の詳細や数理的意味を理解することはそれほど簡単でないと言わなければならない．大学における統計学の教育においてさえ，相関係数の数理に触れる機会が多いとは言えない状況にあると思われる．実際，著者の経験では，主な理由として時間の割り振りの都合で，相関係数に関する理論の詳細を講義で取り上げることはなかった．

多くの場合は相関係数の簡単な利用で済むもしくは済ますことが

できるという理由により，内在する諸性質まで理解して相関係数を使用しているわけではないというのが実情かもしれない．もちろん，通常使用では，数理を極めていなくても相関係数を使用できるし，使用することによって当該分野での新しい知識の獲得につながることも大いに考えられるから，数理についてそれほど追及することなく相関係数を積極的に使用すること自体にそれほど問題があるわけではない．しかし，相関係数の持つ有用性とともに限界さえも知っていて相関係数に関する知識を業務などに活かせるのであれば，それに越したことはないというのが著者の立場である．したがって，本書の使い道として，相関係数を使っていて数理にふと湧いた疑問を解消するための助けや相関係数に関する統計理論を基礎から学習するさいの読本にすると有効であろう．本書を読むことによって，疑問解消の役に立った，もしくは理論の習得に効果があったとすれば，著者として望外の幸せである．本書では，さまざまな種類の相関係数への概念的発展について具体的な式とともに説明することを試みている．相関係数は統計学において極めて魅力的な対象であり，その歴史は古いが現在においてもなお研究の対象であることを付け加えておきたい．

相関係数の内容で本書をまとめるにあたり，多くの方々にお世話になった．統計スポットライト・シリーズの島谷健一郎・宮岡悦良両編集幹事には，本内容においてシリーズの一冊として加えることを認めていただきました．また，本書のドラフト段階でお二人からさまざまなご意見をいただき，記述が改善されました．ここに，感謝申し上げます．本書の内容については東京理科大学オープンカレッジにおける講座の講師を務めるために用意したものを含んでおり，講座受講者からのアンケート結果を参考にして部分的に書き直した箇所もある．受講者の方々からの意見や反応に感謝を申し上げたい．近代科学社取締役フェローの小山透氏と編集チームの伊藤雅英氏には本書の出版にあたり一方ならぬお世話をいただきました．ここに記して御礼申し上げます．

2020 年 5 月

清水邦夫

目 次

3 2変量正規分布における相関係数の推測

4 種々の相関係数

5 欠損データからの相関係数推定

6 シリンダー上の変数の相関係数

7 トーラス上の変数の相関係数

0 はじめに

『文部科学省高等学校学習指導要領（平成 30 年告示）解説 数学編 理数編』の『第 1 部数学編』によると，数学 I の『データの分析』において，データの相関，散布図，相関係数を学習することとされている．そこでは，“分散，標準偏差，散布図及び相関係数の意味やその用い方を理解すること”とされ，“相関係数を求める式”を扱うとともに，“相関と因果の違いについて具体例とともに取り扱う”となっている．また，数学 B では，学習の対象として『統計的な推測』がある．学校教育において生徒にこのような内容が教えられることは，データの分析が益々重要になりつつある現代において非常に歓迎される流れと言える．大学においては理工系のみならず医・歯・薬・経済・人文・社会・心理・教育等で統計学が科目として用意されるようになったし，現在企業で活躍されている方々においても統計分析を利用する場面に直面し実際にデータ分析を行った経験があるかも知れない．

本書は，統計学における一つの重要な概念の相関係数を集中的に扱う．データに対する Pearson（ピアソン）の相関係数と確率変数に対する相関係数は分けて扱うが，実は密接な関係があることが本書を読み進めるにつれて理解されると思われる．「Pearson の相関係数」の用語は，相関係数への Karl Pearson の貢献が顕著であったためと他にもいくつかの「相関係数」が存在することから，他と区別をつけるためである．誤解がないと思われる場合は単に相関係数の用語を用いることにする．しかし，相関係数の研究がひとり Pearson のみによってなされたわけではない．実際，相関係数の初期の歴史的発展は Pearson 自身による 1920 年の論文『Notes on the History of Correlation』や椎名乾平の論文『相関係数の起源と多様な解釈』(2016)，およびそれらの中の文献等に見ることができる．相関係数の発展には，Pearson 以前にも 1846 年に出版された Auguste Bravais（ブラベ）の著述，1886 年の Francis Galton（ゴルトン）and Dickson や 1892 年の Francis Ysidro Edgeworth（エッジワース）の貢献が知られている．Pearson 自身は 1893 年に学生に向けて相関係数についての講義をしたとのことである．さらにそれら以前にも Pierre-Simon Laplace（ラプラス）や Johann Carl Friedrich Gauß（ガウス）らによって正規分布について研究がなされている．

統計学に関する書籍は和書に限っても数多く出版されており，初等・高等を問わず相関係数に関する記述は少なからず見られるが，相関係数をモノグラフ的に扱った書籍がたくさんあるとは言い難い．大正 14 年（1925 年）に出版された小倉金之助の著書『統計的研究法』は，既に統計学の社会における利用を強く意識しており，相関係数に関して多くのページを割いている点で興味深い．相関係数については，第三篇『相関関係』(pp. 343–596) において扱われている．この本の序文の冒頭に（原文は漢字カタカナ交じり文であるが，漢字はなるべく新字体で表すとともにカタカナは平仮名に直して）“近来統計法に関する興味著しく普及し，其の応用は廣く社会，人口，財政，経済，産業等の方面から生物，医学，心理，教育の方面にまで及んで来た．これは極めて至当なことであって，遠からざる将来に於て，統計法は一般人の常識となるべきもの，否，常識とならねばならぬものと，私は確信する．本書は其の機運を促がさんが為めに，生れたものである．” と記されている．繰返すが約 100 年も前になろうとしている時代の書であるが，内容は相当にレベルが高く，着眼点は現代でも十分に通用する．また，時代が下って，芝祐順 (1974) の著書『相関分析法』は表題に『行動科学における』とあるように，実際の問題を分析することを強く意識していたと言える．しかし，現代の状況がそれらの書が書かれた時代と決定的に異なる点は，現代においてはコンピュータの発達によってソフトウェアの整備とともに計算環境が著しくよくなったことと，研究によって新たな結果が付け加えられて理論が精緻になったことがあげられる．以前には，標本サイズが大きいとき相関係数を数値的に計算することは大変な作業であったと推測され，それに伴い，使われるデータのサイズはそれほど大きくはなく，したがって限定的な使用に留まっていたということがあった．現代においては，かなり大きい数の変数かつ大きいサイズのデータが手に入るが，計算上の困難さは取り除かれたと言ってよい．したがって，さまざまな分野における多くの応用が期待される．一方で，計算的側面をそれほど気にせずパッケージを利用できる反面，途中の計算過程はブラックボックス化され，かつ理論は精緻になっていることから，理論的側面を理解するのはますます困難な状況となっている．

本書は，Pearson の相関係数およびそれから派生もしくは発展した概念の理解や，手法の適用範囲を理解する助けとなるように，式の導出過程や手法が持つ諸性質の解説を心掛けた．そして，確かな理論的裏付けのもと，相関係数を使用して得た解析結果について自信を持って述べることができるようになることを一つの目標としている．本書を読み進めるには，微積分と線形代数，確率論と統計学の基礎知識を持ち合せていると有利であるが，定義や記法についてはなるべく説明を加えるように配慮した．また，相関係数の歴史は長いが，本分野は現在においてもなおさまざまな研究が行われている．学習もしくは今後の研究に役立つように，できる限り文献（年）をあげて相関係数の歴史的発展の過程が見られるように工夫した．

本書の第 1 章からの内容について，関係を図解[1] してみよう．

[1] 下の「ダイアグラム」は，さまざまな相関係数間の概念的なつながり・拡張・発展を表している．

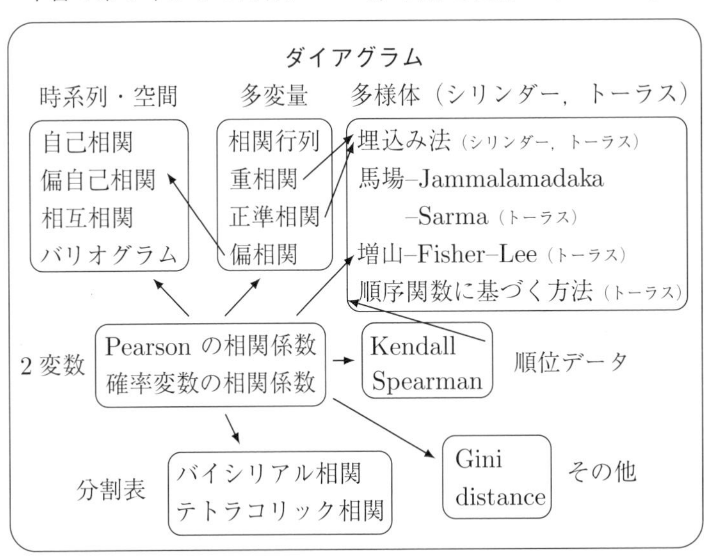

第 1 章では，データに対する Pearson の相関係数の定義から始めて，Pearson の相関係数を使用する実際の場面で注意すべき事柄とともに諸性質について述べる．データを分析する上では相関係数を求めるだけでなく，散布図を描くことが極めて大切であることが

繰返し注意される．つぎに，確率変数に対する相関係数の定義を与え，2変量正規分布とともに，それ以外の例として2変量対数正規分布，Dirichlet分布，多項分布の相関係数を求める．第2章では，順位データから計算されるSpearmanとKendallの相関係数を扱う．2変量正規分布の下で相関係数とSpearmanおよびKendallの相関係数の関係についても説明し，相関係数とSpearmanの相関係数の中間に位置するGiniの相関係数についても簡単に触れる．2変量正規分布において，完全データの場合における相関係数の推測（推定と検定）については第3章で扱われる．多変量解析・分割表・時系列・空間統計の枠組みにおいて現れる相関係数については第4章で述べられる．第3章は完全データの場合であるが，実際の場面では不完全なデータが得られるかも知れない．第5章では，2変量正規分布において，欠損データの場合に相関係数の推定の可能性について簡単にまとめる．第6章と第7章は角度のデータが得られたときの「相関」を計算するためにPearsonの相関係数を利用してよいのかについて議論し，Pearsonの相関係数は一般には不都合が生じるので異なる相関係数を用いるべきであることが注意される．

1 データの相関係数と確率変数の相関係数

散布図を描くことにより，2 変数データの分布状況を視覚的に把握できる．一方，二つの変数間の関連性を一つの数によって表すことができたとすれば，視覚的および数値的の両面から 2 変数間の関連性を捉えることにつながるので非常に便利と言える．本章では，関連性の尺度として，標本（データ）に対して Pearson（ピアソン）の相関係数を導入する．それは，二つの変数間の「直線的な関係」を捉えるのに適切な量である．以下で，標本に対する Pearson の相関係数の定義と諸性質について述べた後に，二つの確率変数間の相関係数を定義することへ進み，2 変量正規分布をはじめ，2 変量対数正規分布，Dirichlet 分布，多項分布における相関係数を計算法とともに紹介する．

1.1 データの相関係数

1.1.1 Pearson の相関係数と散布図

2 変数 x と y の組からなる大きさ n の数値データ

$$\begin{pmatrix} x_1 \\ y_1 \end{pmatrix}, \ldots, \begin{pmatrix} x_n \\ y_n \end{pmatrix} \quad (n \geq 2)$$

が手に入っているとしよう．2 変数データなので変数間の関係を捉えることに関心を持つのは当然なのだが，まず最初に x と y のそれぞれのデータについて 1 変数ごとに分析を行うのは良い考えである．変数 x と y の**平均** (mean もしくは average) $\overline{x}$ と $\overline{y}$ はデータの中心的傾向を表す代表値のひとつと考えられる．$\overline{x}$ と $\overline{y}$ を式で書けば，

$$\overline{x} = \frac{1}{n}\sum_{i=1}^{n} x_i, \quad \overline{y} = \frac{1}{n}\sum_{i=1}^{n} y_i$$

となる[1)]．$x_i - \overline{x} > 0$ であれば $x_i - \overline{x}$ は x_i から $\overline{x}$ への距離を表し，$x_i - \overline{x} < 0$ であれば $-(x_i - \overline{x}) = \overline{x} - x_i$ が x_i から $\overline{x}$ への距離を表す．すなわち，$x_i - \overline{x}$ は x_i から $\overline{x}$ への符号付き距離と解釈できる量を表し，**偏差**[2)] (deviation) と呼ばれる．偏差の和はゼロ，すなわち，式 $\sum_{i=1}^{n}(x_i - \overline{x}) = \sum_{i=1}^{n} x_i - \sum_{i=1}^{n} \overline{x} = n\overline{x} - n\overline{x} = 0$ が成立つ．また，$\overline{x}$ は，$\sum_{i=1}^{n}(x_i - \overline{x}) = \sum_{i=1}^{n} 1 \times (x_i - \overline{x}) = 0$ を満たすことから，x_i に等分の重みをかけて釣り合いを取る値，すなわち重心と解釈することができる（図 1.1）．

1)「平均」$\overline{x}$ は $x_1, \ldots, x_n$ の算術平均（$x_1, \ldots, x_n$ のすべてを加えて，標本の大きさ n で割る）のことをいう．

2) x_i の「偏差値」は，偏差とは異なる量であり，$50 + 10(x_i - \overline{x})/S_x$ として計算される．ここで，S_x は後ほど定義される標準偏差（分散の正の平方根）を表す．したがって，x_i が平均値に等しい，すなわち $x_i = \overline{x}$ のとき，x_i の偏差値は 50 となり，$x_i = \overline{x} + cS_x$ のとき偏差値は $50 + 10c$ となる．

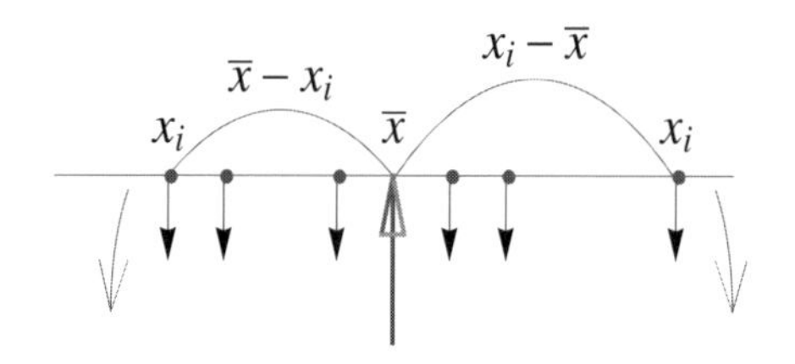

図 1.1　直線上のデータの平均．

$\overline{x}$ と $\overline{y}$ が中心的傾向を表すのに対し，分布の広がりもしくはバラツキの程度を表す量としては**分散** (variance)

$$V_x^2 = \frac{1}{n-1}\sum_{i=1}^{n}(x_i - \overline{x})^2, \quad V_y^2 = \frac{1}{n-1}\sum_{i=1}^{n}(y_i - \overline{y})^2$$

がよく用いられる[3)]．V_x^2 は，x_i と $\overline{x}$ の間の距離 $|x_i - \overline{x}|$ の 2 乗和（もしくは x_i から $\overline{x}$ への符号付き距離 $x_i - \overline{x}$ の 2 乗和）を $(n-1)$ で割っているので，分布のバラツキ具合を表している．また，V_x^2 と V_y^2 の正の平方根 $V_x = \sqrt{V_x^2}$ と $V_y = \sqrt{V_y^2}$ は x と y の**標準偏差** (standard deviation) と呼ばれる．変数 x が単位を持つとすると，V_x^2 は x の単位の 2 乗の単位を持つことになるが，V_x の単位は元の x の単位に戻る．したがって，元の単位で分布の広がりもしくはバラツキの程度を表したいときには標準偏差を用いることになる．な

3) 単に「分散」と呼ぶことも「不偏分散」と呼ぶこともある．「不偏」の意味については第 1.2 節を参照．偏差 2 乗和を標本の大きさ n で割るのではなく $(n-1)$ で割っていることに関係する．

お，分布の広がりもしくはバラツキの程度を表す量（分散と標準偏差）として，

$$S_x^2 = \frac{1}{n}\sum_{i=1}^{n}(x_i - \overline{x})^2,\ S_x = \sqrt{S_x^2},\ S_y^2 = \frac{1}{n}\sum_{i=1}^{n}(y_i - \overline{y})^2,\ S_y = \sqrt{S_y^2}$$

を用いることがある．

つぎに，x と y の間の関係を表す量について考えてみることにしよう．量

$$V_{xy} = \frac{1}{n-1}\sum_{i=1}^{n}(x_i - \overline{x})(y_i - \overline{y})$$

は（不偏）**共分散** (covariance) と呼ばれる．もしくは

$$S_{xy} = \frac{1}{n}\sum_{i=1}^{n}(x_i - \overline{x})(y_i - \overline{y})$$

を用いることがある．$x_i - \overline{x}$ と $y_i - \overline{y}$ の両方とも正の値もしくは両方とも負の値を取れば積 $(x_i - \overline{x})(y_i - \overline{y})$ は正の値を取るから，V_{xy} もしくは S_{xy} が正というのは，$x_i - \overline{x}$ と $y_i - \overline{y}$ が同符号を取る傾向を表すと解釈できる．同様に，$x_i - \overline{x}$ と $y_i - \overline{y}$ の一方が正の値で他方が負の値であれば積 $(x_i - \overline{x})(y_i - \overline{y})$ は負の値を取るから，V_{xy} もしくは S_{xy} が負というのは，$x_i - \overline{x}$ と $y_i - \overline{y}$ が正負異なる符号を取る傾向を表す．

x と y のそれぞれが単位を持てば，V_{xy} もしくは S_{xy} は x の単位と y の単位の積の単位を持つことに注意しよう．たとえば，x と y の双方が kg（キログラム）の単位で測定されているとすると，V_{xy} は kg^2 の単位となる．したがって，測定単位を $u_i = 1000x_i$ と $v_i = 1000y_i$ のように g（グラム）に変換して共分散を求めると，$V_{uv} = 10^6 V_{xy}$ となり，数値は（見かけ上）大きくなる．その不都合を解消して，x と y の間の関係（直線的関係）を表す指標で単位に無関係な量の **Pearson の相関係数** (correlation coefficient) もしくは単に**相関係数**は

$$r_{xy} = \frac{\sum_{i=1}^{n}(x_i - \overline{x})(y_i - \overline{y})}{\sqrt{\sum_{i=1}^{n}(x_i - \overline{x})^2 \sum_{i=1}^{n}(y_i - \overline{y})^2}}$$

で定義される．r_{xy} は，x と y の測定単位が，たとえば x が重さで y が長さというように，異なっていたとしても，分子と分母の単位が打ち消されるので，無単位量となる．

Pearson の相関係数 r_{xy} は，共分散を標準偏差の積で割っても得られる．すなわち，

$$r_{xy} = \frac{V_{xy}}{V_x V_y} = \frac{\frac{1}{n-1}\sum_{i=1}^{n}(x_i - \overline{x})(y_i - \overline{y})}{\sqrt{\frac{1}{n-1}\sum_{i=1}^{n}(x_i - \overline{x})^2 \times \frac{1}{n-1}\sum_{i=1}^{n}(y_i - \overline{y})^2}}$$

とも

$$r_{xy} = \frac{S_{xy}}{S_x S_y} = \frac{\frac{1}{n}\sum_{i=1}^{n}(x_i - \overline{x})(y_i - \overline{y})}{\sqrt{\frac{1}{n}\sum_{i=1}^{n}(x_i - \overline{x})^2 \times \frac{1}{n}\sum_{i=1}^{n}(y_i - \overline{y})^2}}$$

とも書くことができる．分子と分母の $(n-1)$ もしくは n がキャンセルされることに注意しよう．

それでは，この量が持つ諸性質について，さらに考えて行くことにする．データから計算される Pearson の相関係数のイメージを持つために，図 1.2 ($n = 100$) を見ていただきたい．相関係数を求めるだけでなく，データの**散布図** (scatter plot) を描くことが強く推奨される．散布図は 2 次元データ $(x_i, y_i)'$ [4] $(i = 1, \ldots, n)$ を平面（2 次元実数空間）上にプロットしたものであり，散布図を見ることにより，数値だけからは分からないかも知れない分布状況を視覚的に捉えることが可能になるという点で非常に有用と言える．図 1.2(a) では x と y の間の相関係数は $r_{xy} \approx 0.015$ であって，(b) と (c) では，それぞれ，$r_{xy} \approx 0.866$ と $r_{xy} \approx -0.839$ である[5]．相関係数が正の値を取るとき「**正の相関**」(positively correlated)，負の値を取るとき「**負の相関**」(negatively correlated) という．(a) ではデータの分布状況に直線的傾向があるわけではなく，「**無相関**（相関係数 0)」(uncorrelated) に近い．(b) では x が増加するにつれて y は直線的に増加する傾向が見える．一方，(c) では x が増加するにつれて y は直線的に減少するように見えることが分かる．なお，Pearson の相関係数は傾向を表すのに便利な量ではあるが，その数値だけを見て判断基準とするのでなく，現象の背景についての十分な知識を利用して判断することが望まれる[6]．

つぎに，図 1.3 ($n = 100$) において，(a) では x が増加するにつれて y は増加する傾向にあるが，直線的ではなく，だんだんにバラツキが大きくなっているように見える．相関係数を計算してみると $r_{xy} \approx 0.772$ となった．そこで，(b) として (a) のデータ x_i と y_i を $u_i = \sqrt{x_i}$ と $v_i = \sqrt{y_i}$ と平方根変換[7] をしたあとに散布図を描

[4] ベクトル表記を用いている．「ベクトル」は列ベクトルを意味するものとする．記号「$'$」はベクトルや行列の転置を取る操作を表す．たとえば $(a, b, c)'$ の場合 $(a, b, c)' = \begin{pmatrix} a \\ b \\ c \end{pmatrix}$ のことであるが，スペースの都合上，$(a, b, c)'$ のように書くことがある．

[5] Pearson の相関係数は，統計解析フリーソフト R では cor 関数の method を "pearson" として求められる．

[6] Pearson の相関係数は，定義を見て分かるように，標本の大きさ n によっている．相関係数の信頼性は，第 3 章で確率変数の相関係数をデータから推測するという形で議論される．

[7] データが非負の値からなるとき平方根変換が可能である．

いてみた．そうすると，u と v の間の相関係数は $r_{u,v} \approx 0.843$ と，r_{xy} より高くなった．しかし，u が増加するにつれて v のバラツキがまだ若干大きくなっているように見える．(c) では，$u_i = \log x_i$ と $v_i = \log y_i$ と対数変換[8)] をしたあとに散布図を描いている．そうすると，u が増加するにつれて v は (b) よりも直線的に増加するように見える．u と v の間の相関係数は $r_{u,v} \approx 0.849$ である．このように，データに適切な変換を施して相関係数を求めると，変換しないときよりも高い相関係数を得ることがある．ここでは，対数変換を用いたときに高い相関係数を得る例を示したが，適切な変換は場合により異なる．

8) データが正の値からなるとき対数変換が可能である．

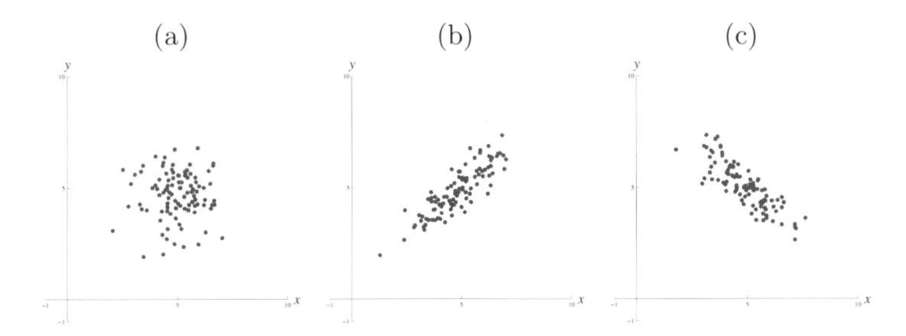

図 1.2 散布図と相関係数-1 ($n = 100$)：(a) $r_{xy} \approx 0.015$（無相関に近い），(b) $r_{xy} \approx 0.866$（かなり強い正の相関），(c) $r_{xy} \approx -0.839$（かなり強い負の相関）．

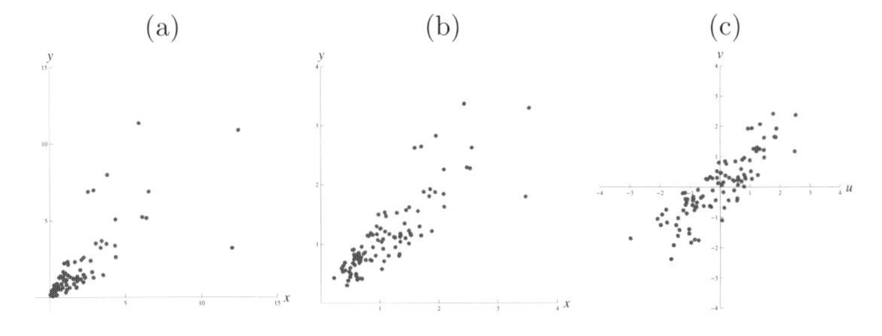

図 1.3 散布図と相関係数-2 ($n = 100$)：(a) $r_{xy} \approx 0.772$（かなり強い正の相関ではあるが，データは直線の周りに集まっていない），(b) $r_{uv} \approx 0.843$（平方根変換後の相関係数：(a) より強い正の相関），(c) $r_{uv} \approx 0.849$（対数変換後の相関係数：(a)，(b) より強い正の相関）．

相関係数を求めるだけでなく，散布図を描くことが推奨されると上に述べた．散布図を示しながら，相関係数の使用上の注意点をさらに述べることにしよう．下記の例 1 と例 2 では層別の重要性を述べ，例 3 では相関係数は直線性の程度を表す量であることが注意される．また，相関係数は因果性を含意するわけではないことも注意を要する．

例 1．図 1.4 を見ていただきたい．層 1 の 100 組 (●) と層 2 の 50 組 (■) のデータのそれぞれの相関係数を求めると，約 0.102 と 0.014 であった．いずれの層でも無相関に近い．ところが，これらのデータを一緒にして 150 組に対して相関係数を求めると約 0.871 となった．散布図を描いてみれば，データが二つの層に分かれるであろうことは一目瞭然となる．この例はあまりに極端としても，一般的に言って，本来は層ごとに扱うべきところをまとめて扱ってしまうと，異なる層のデータが入り混じって相関係数がみかけ上大きくなることがあるので注意が必要である．また，片方の離れた層が 1 点とか数点からなっているような別の種類の極端な場合を考えてみよう．集団を形成する層から離れたそのような点は外れ値として処理されるかも知れない．Pearson の相関係数は，外れ値の影響を強く受け，ロバスト（頑健もしくは頑強）でないことを意味する．

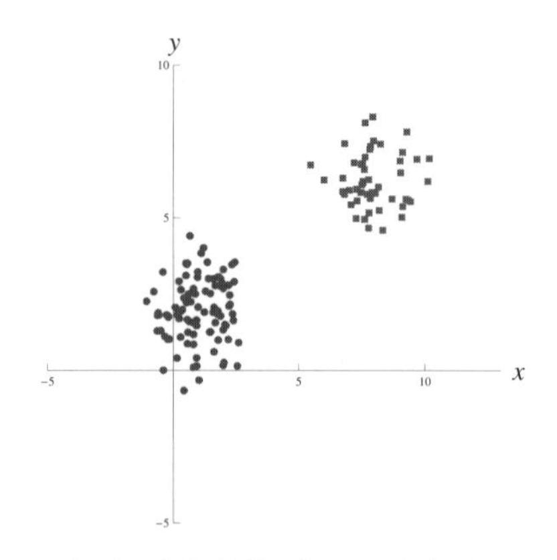

図 1.4 層 1 の 100 組（●；相関係数は約 0.102）と層 2 の 50 組（■；相関係数は約 0.014）の散布図．まとめて 150 組の相関係数は約 0.871．

例 2. 図 1.5 を見ていただきたい．層 1 の 50 組 (●) と層 2 の 50 組 (■) のデータそれぞれの相関係数を求めると，約 0.423 と -0.619 であった．一方は正の相関，他方は負の相関を表す．これらのデータを一緒にして 100 組に対して相関係数を求めると，約 -0.001 とほぼ無相関となった．例 1 とは反対に，異なる層のデータが入り混じることにより相関係数が 0 に近くなることがあるので注意が必要である．

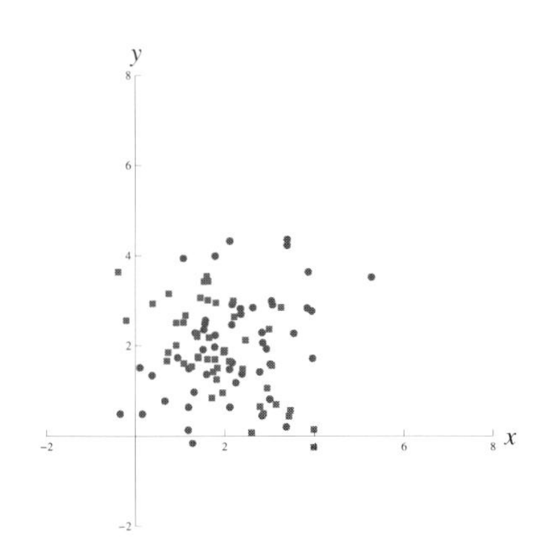

図 1.5 層 1 の 50 組（●；相関係数は約 0.423）と層 2 の 50 組（■；相関係数は約 -0.619）の散布図．まとめて 100 個の相関係数は約 -0.001.

例 3. 図 1.6 では，データ $(n = 50)$ は単位円 $x^2 + y^2 = 1$ の周辺に現れているという意味で比較的強い関係があるにもかかわらず，この場合の相関係数は約 -0.039 と無相関に近い値となった．相関係数は，データが円もしくは円の一部の周辺に分布していることは表現できず，あくまでも直線関係の程度を表す量である．散布図を描くことにより変数間の関係を推測することが可能となるかも知れないことは覚えておくとよい．

相関係数の計算の実際例としては，双方の変数の単位が同じ場合として，最高血圧 vs. 最低血圧，数学の試験点数 vs. 英語の試験点数，前期 vs. 後期試験点数，為替 vs. 株価，左右視力，左右腕長を，一方，単位が異なる場合として，身長 vs. 体重，住宅価格 vs. 駅からの距離，コンビニにおけるビールの売り上げ高 vs. 気温をあげることができる．

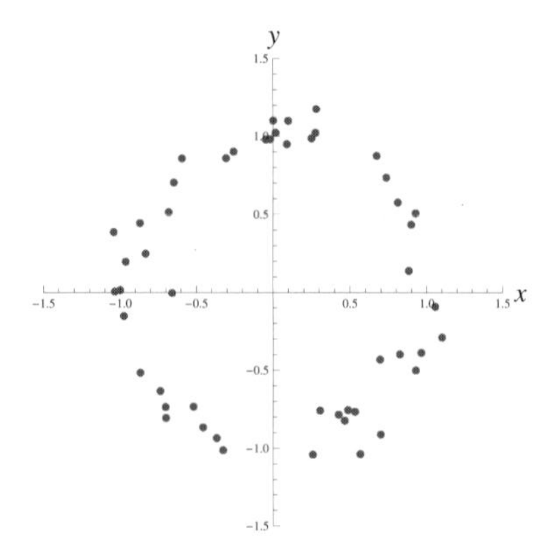

図 **1.6** 単位円 $x^2 + y^2 = 1$ の周辺に現れるデータの例．相関係数は約 -0.039.

1.1.2 相関係数の諸性質

相関係数の歴史的発展に興味のある読者は椎名 (2016) [5] およびその中の文献等を参照していただくことにして，本書では，むしろ，相関係数の諸性質および周辺の話題について述べる．

Pearson の相関係数の分子は，偏差の和がゼロであることより，

$$\begin{aligned}\sum_{i=1}^{n}(x_i-\overline{x})(y_i-\overline{y}) &= \sum_{i=1}^{n}(x_i-\overline{x})y_i = \sum_{i=1}^{n}x_i(y_i-\overline{y}) \\ &= \sum_{i=1}^{n}x_iy_i - n\overline{x}\,\overline{y}\end{aligned}$$

となるので，これらの式のどれを用いてもよい．第 1 の式には無駄があると言えば確かにあるが，x と y についての対称性が見える．一方で，第 2 と第 3 の式は対称性が見えにくい．第 4 の式に類似して，偏差の 2 乗和は

$$\sum_{i=1}^{n}(x_i-\overline{x})^2 = \sum_{i=1}^{n}x_i^2 - n\overline{x}^2$$

とも書ける．r_{xy} の分母が 0 であっては相関係数を定義できないので，$\sum_{i=1}^{n}(x_i-\overline{x})^2 \neq 0$ かつ $\sum_{i=1}^{n}(y_i-\overline{y})^2 \neq 0$ でなければならない．すなわち，$x_1 = \cdots = x_n$ ではなく，$y_1 = \cdots = y_n$ でもないことを仮定する．

性質 1：$-1 \leq r_{xy} \leq 1$ が成立つ．等号は，データ $(x_i, y_i)'$ $(i = 1, \ldots, n)$ が，x 軸に平行でなく，かつ y 軸にも平行でない直線 $y_i = a + bx_i$ $(i = 1, \ldots, n)$ 上にあるときでそのときに限る．このように，相関係数は直線関係の程度を表す有用な指標と考えられる．

上で，n 個の点 (x_i, y_i) $(i = 1, \ldots, n)$ を平面（2 次元実数空間）上に散布図として描き，データの分布状況と相関関係のおおよそを図的に知る方法について学んだ．ここでは，別の観点として，n 次元実数空間における二つのベクトル $\boldsymbol{u} = (x_1 - \overline{x}, \ldots, x_n - \overline{x})'/\sqrt{n-1}$ と $\boldsymbol{v} = (y_1 - \overline{y}, \ldots, y_n - \overline{y})'/\sqrt{n-1}$ から Pearson の相関係数を解釈する方法について述べる[9)]．ベクトル $\boldsymbol{u} = (x_1 - \overline{x}, \ldots, x_n - \overline{x})'$ と $\boldsymbol{v} = (y_1 - \overline{y}, \ldots, y_n - \overline{y})'$ もしくは $\boldsymbol{u} = (x_1 - \overline{x}, \ldots, x_n - \overline{x})'/\sqrt{n}$ と $\boldsymbol{v} = (y_1 - \overline{y}, \ldots, y_n - \overline{y})'/\sqrt{n}$ から出発してもほぼ同様に議論が進むことは明らかであろう．

9) ベクトル $(a_1, \ldots, a_n)'$ の定数 c 倍は
$$c(a_1, \ldots, a_n)' = (a_1, \ldots, a_n)'c = (ca_1, \ldots, ca_n)'$$
と各要素の c 倍のベクトルで定義される．

性質 1 の線形代数による説明：n 次元実ベクトル $\boldsymbol{u} = (u_1, \ldots, u_n)'$ と $\boldsymbol{v} = (v_1, \ldots, v_n)'$ に対し，$\boldsymbol{u}$ と $\boldsymbol{v}$ の**内積** (inner product) を，対応する要素の積和

$$(\boldsymbol{u}, \boldsymbol{v}) = \sum_{i=1}^{n} u_i v_i$$

で定義する．そうすると，内積から**ノルム** (norm) $\|\boldsymbol{u}\| = \sqrt{(\boldsymbol{u}, \boldsymbol{u})}$ が導かれ，**Schwarz**（シュワルツ）**の不等式** (Schwarz's inequality)

$$|(\boldsymbol{u}, \boldsymbol{v})| \leq \|\boldsymbol{u}\| \cdot \|\boldsymbol{v}\|$$

が成立つ．データ $(x_i, y_i)'$ $(i = 1, \ldots, n)$ の共分散 V_{xy} は，二つのベクトル $(x_i - \overline{x}, \ldots, x_n - \overline{x})'/\sqrt{n-1}$ と $(y_i - \overline{y}, \ldots, y_n - \overline{y})'/\sqrt{n-1}$ のそれぞれの要素を掛けて足すので，それら二つのベクトルの内積と見ることができる．また，分散 V_x^2 と V_y^2 は，それぞれのベクトルの要素の 2 乗和だから，ノルムの 2 乗とみなせる．

$\|\boldsymbol{u}\| \neq \boldsymbol{0}$ かつ $\|\boldsymbol{v}\| \neq \boldsymbol{0}$ のとき，Schwarz の不等式を変形すると，

$$-1 \leq \frac{(\boldsymbol{u}, \boldsymbol{v})}{\|\boldsymbol{u}\|\|\boldsymbol{v}\|} \leq 1$$

という不等式となる．$\cos\theta = (\boldsymbol{u}, \boldsymbol{v})/(\|\boldsymbol{u}\|\|\boldsymbol{v}\|)$ $(0 \leq \theta \leq \pi)$ と書く

とき，θ を二つのベクトル $\boldsymbol{u}$ と $\boldsymbol{v}$ の**なす角** (angle between two vectors) と呼ぶ (図 1.7 参照)．ベクトル $\boldsymbol{u}$ と $\boldsymbol{v}$ は，$\theta = 0$ のとき一直線上に同じ向きであり，$\theta = \pi$ のとき一直線上に反対向きである．$\boldsymbol{u} = (x_1 - \overline{x}, \ldots, x_n - \overline{x})'/\sqrt{n-1}$ と $\boldsymbol{v} = (y_1 - \overline{y}, \ldots, y_n - \overline{y})'/\sqrt{n-1}$ とおけば，相関係数の**性質 1** となる．

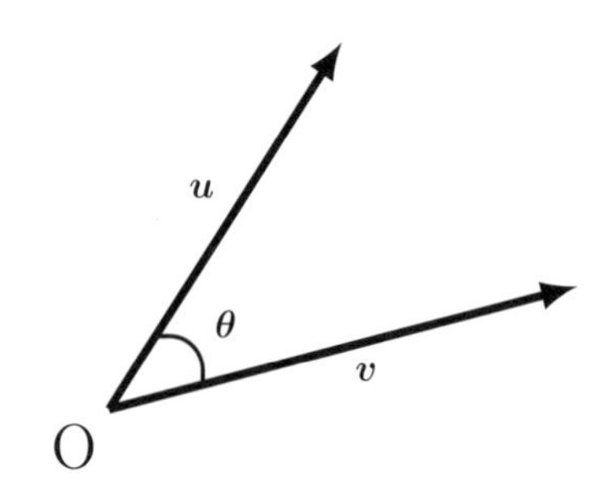

図 1.7　ベクトル $\boldsymbol{u}$ と $\boldsymbol{v}$ のなす角 θ.

参考：Schwarz の不等式の一つの証明を与えておく．まず，$\boldsymbol{v} = \boldsymbol{0}$[10] のときは明らかに成立つ．つぎに，$\boldsymbol{v} \neq \boldsymbol{0}$ のとき，$\boldsymbol{z} = \boldsymbol{u} - (\boldsymbol{u}, \boldsymbol{v})\boldsymbol{v}/\|\boldsymbol{v}\|^2$ とおく．このおき方は，つぎのようである．ベクトル $\boldsymbol{z}$ を，$\boldsymbol{u} = \boldsymbol{z} + c\boldsymbol{v}$（$c$ は定数）かつ $\boldsymbol{z}$ と $\boldsymbol{v}$ は直交する（内積 $(\boldsymbol{z}, \boldsymbol{v}) = 0$）ように選ぶ．そのとき，内積 $(\boldsymbol{u}, \boldsymbol{v}) = (\boldsymbol{z} + c\boldsymbol{v}, \boldsymbol{v}) = (\boldsymbol{z}, \boldsymbol{v}) + c(\boldsymbol{v}, \boldsymbol{v}) = c\|\boldsymbol{v}\|^2$ から $c = (\boldsymbol{u}, \boldsymbol{v})/\|\boldsymbol{v}\|^2$ となる．すなわち，$\boldsymbol{z} = \boldsymbol{u} - (\boldsymbol{u}, \boldsymbol{v})\boldsymbol{v}/\|\boldsymbol{v}\|^2$ とおけばよいことが分かる．3 つのベクトル $\boldsymbol{u}$，$(\boldsymbol{u}, \boldsymbol{v})\boldsymbol{v}/\|\boldsymbol{v}\|^2$，$\boldsymbol{z}$ からつくられる直角三角形に対し，「ピタゴラスの定理」$\|\boldsymbol{u}\|^2 = \|(\boldsymbol{u}, \boldsymbol{v})\boldsymbol{v}/\|\boldsymbol{v}\|^2\|^2 + \|\boldsymbol{z}\|^2$ が成立つ．よって，

$$\|\boldsymbol{u}\|^2 = \frac{(\boldsymbol{u}, \boldsymbol{v})^2}{\|\boldsymbol{v}\|^2} + \|\boldsymbol{z}\|^2 \geq \frac{(\boldsymbol{u}, \boldsymbol{v})^2}{\|\boldsymbol{v}\|^2}$$

となるので，Schwarz の不等式を得る．等号は $\|\boldsymbol{z}\|^2 = 0$ すなわち $\boldsymbol{z} = \boldsymbol{0}$（ベクトル $\boldsymbol{u}$ と $\boldsymbol{v}$ が $\boldsymbol{u} = c\boldsymbol{v}$（$c$ は定数）の関係にある）のときでそのときに限る．

10)「ゼロベクトル」$\boldsymbol{0}$ は要素（もしくは成分）のすべてが（スカラーの）0 であるようなベクトル，すなわち $\boldsymbol{0} = (0, \ldots, 0)'$ のことである．

$r_{xy} > 0$ のとき正の相関といい，$r_{xy} < 0$ のとき負の相関ということは既に述べた．データ $(x_1, y_1)', \ldots, (x_n, y_n)'$ が傾き正の一直線上にあれば $r_{xy} = 1$，また傾き負の一直線上にあれば $r_{xy} = -1$

となる．なぜなら，a と b を定数として $y_i = a + bx_i$ $(i = 1, \ldots, n)$ とおくと，$r_{xy} = b/\sqrt{b^2}$ となり，$b > 0$ ならば $r_{xy} = 1$，$b < 0$ ならば $r_{xy} = -1$ である．$r_{xy} = 0$ のときは無相関ということも述べたが，すべては等しくはない大きさ n のデータ $x_1, \ldots, x_n$ について，n^2 個からなるあらゆる組合せ

$$\begin{pmatrix} x_1 \\ x_1 \end{pmatrix}, \ldots, \begin{pmatrix} x_1 \\ x_n \end{pmatrix}, \ldots, \begin{pmatrix} x_n \\ x_1 \end{pmatrix}, \ldots, \begin{pmatrix} x_n \\ x_n \end{pmatrix}$$

を作為的につくれば，この組データセットの相関係数は 0 となることが分かる．

相関係数のノルム使用表現：内積 $(\boldsymbol{u}, \boldsymbol{v})$ からノルム $\|\boldsymbol{u}\| = \sqrt{(\boldsymbol{u}, \boldsymbol{u})}$ が導かれることを述べた．逆に，ノルムから内積が導かれるかというと，いわゆる**平行四辺形則**もしくは**中線定理** $\|\boldsymbol{u}+\boldsymbol{v}\|^2 + \|\boldsymbol{u}-\boldsymbol{v}\|^2 = 2(\|\boldsymbol{u}\|^2 + \|\boldsymbol{v}\|^2)$ が満たされるノルム空間であれば，

$$\langle \boldsymbol{u}, \boldsymbol{v} \rangle = \frac{1}{4}\left(\|\boldsymbol{u}+\boldsymbol{v}\|^2 - \|\boldsymbol{u}-\boldsymbol{v}\|^2\right)$$

で定義される $\langle \cdot, \cdot \rangle$ は内積の性質を満たすことが知られている[11)]．n 次元実数空間では平行四辺形則が成立ち，相関係数を

$$r_{xy} = \frac{\|\boldsymbol{u}+\boldsymbol{v}\|^2 - \|\boldsymbol{u}-\boldsymbol{v}\|^2}{4\|\boldsymbol{u}\|\|\boldsymbol{v}\|}$$

と表現することができる．

11) von Neumann–Jordan（フォンノイマン・P. ジョルダン）の定理．たとえば，竹之内 (1968) [13] を参照．

Gram 行列の固有値：x と y に関する分散が等しいとき，すなわち $V_x^2 = V_y^2$ $(= V^2)$ のとき，**Gram**（グラム）行列

$$G = \begin{pmatrix} V^2 & V_{xy} \\ V_{xy} & V^2 \end{pmatrix}$$

の固有値 λ は，I_2 を 2×2 単位行列として，行列式

$$|G - \lambda I_2| = \begin{vmatrix} V^2 - \lambda & V_{xy} \\ V_{xy} & V^2 - \lambda \end{vmatrix} = 0$$

の解 $\lambda_1, \lambda_2 = V^2 \pm |V_{xy}|$ $(\lambda_1 > \lambda_2)$ として与えられる．したがって，相関係数 r_{xy} につき，Gram 行列 G の固有値を用いて，

$$|r_{xy}| = \frac{\lambda_1 - \lambda_2}{\lambda_1 + \lambda_2}$$

の表現が可能となる (Kass, 1989 [41]).

Schwarz の不等式の証明について：Schwarz の不等式についてはさまざまな証明が知られている．それらを紹介することは本書の目的ではないが，先のとは別の証明を一つだけ紹介しておく．実数 $u_1, \ldots, u_n; v_1, \ldots, v_n$ に対し，**Lagrange**(ラグランジュ) **の恒等式**

$$\left(\sum_{i=1}^{n} u_i^2\right)\left(\sum_{i=1}^{n} v_i^2\right) - \left(\sum_{i=1}^{n} u_i v_i\right)^2 = \sum_{1 \leq i < j \leq n} (u_i v_j - u_j v_i)^2$$

が成立つ．この式の右辺は負でないから，Schwarz の不等式を得る．等号は $u_i v_j - u_j v_i = 0$ がすべて成立つ場合，すなわち，

$$\frac{u_1}{v_1} = \cdots = \frac{u_n}{v_n}$$

が成立つ（u_i と v_i が比例関係にある）場合である．ただし，ここでは比を取っているので，$u_i = v_i = 0$ となる場合を除く．

性質 2：a_1 $(\neq 0)$，b_1，a_2 $(\neq 0)$，b_2 を定数として，x_i と y_i $(i = 1, \ldots, n)$ を $u_i = a_1 x_i + b_1$ と $v_i = a_2 y_i + b_2$，同値的に $\begin{pmatrix} u_i \\ v_i \end{pmatrix} = \begin{pmatrix} a_1 & 0 \\ 0 & a_2 \end{pmatrix} \begin{pmatrix} x_i \\ y_i \end{pmatrix} + \begin{pmatrix} b_1 \\ b_2 \end{pmatrix}$ のように変換すると $(u_i, v_i)'$ $(i = 1, \ldots, n)$ の Pearson の相関係数 r_{uv} は $r_{uv} = \mathrm{sgn}(a_1 a_2)\, r_{xy}$ となる．ここで，r_{xy} は $(x_i, y_i)'$ の Pearson の相関係数, $\mathrm{sgn}(\cdot)$ は符号関数 $\mathrm{sgn}(z) = 1$ $(z > 0)$; -1 $(z < 0)$; 0 $(z = 0)$ を表す．したがって, 特に $a_1 > 0$, $a_2 > 0$ のときの変換 $u_i = a_1 x_i + b_1$, $v_i = a_2 y_i + b_2$ に関して Pearson の相関係数は不変 (invariant) であることが分かる．

変換の例として，つぎをあげることができる．

(1) 温度の摂氏（°C）を華氏（°F）に $F = 9C/5 + 32$，もしくは華氏を摂氏に $C = 5(F - 32)/9$ と換算.

(2) US ドルを日本円に換算.

(3) kg を g に換算.

(4) m を cm に換算.

性質 3：平均 $\overline{x}$ と $\overline{y}$，および標準偏差 $V_x = \sqrt{V_x^2}$ と $V_y = \sqrt{V_y^2}$ を使って，データをあらかじめ $u_i = (x_i - \overline{x})/V_x$ と $v_i = (y_i - \overline{y})/V_y$ と標準化しておく．そうすると，u_i の平均，分散，標準偏差は，それぞれ，

$$\overline{u} = \frac{1}{n}\sum_{i=1}^{n} u_i = 0, \quad V_u^2 = \frac{1}{n-1}\sum_{i=1}^{n} u_i^2 = 1, \quad V_u = \sqrt{V_u^2} = 1$$

となる．v_i についても同様．そのとき，$(u_i, v_i)'$ $(i = 1, \ldots, n)$ の相関係数は

$$r_{uv} = \frac{1}{n-1}\sum_{i=1}^{n} u_i v_i$$

と書ける．

1.2 確率変数の相関係数

確率変数 (random variable) とは取りうる値が確率分布で規定されるような変数のことをいう．離散型確率変数 X は，確率関数

$$\Pr(X = x_i) = f_i \ (\geq 0), \quad i = 1, 2, 3, \ldots; \ \sum_{i=1}^{\infty} f_i = 1$$

で特徴付けられ，その**平均**（**数学的期待値** mathematical expectation）は

$$E(X) = \sum_{i=1}^{\infty} x_i \Pr(X = x_i) = \sum_{i=1}^{\infty} x_i f_i$$

で与えられる．ただし，右辺は存在するものとする．平均は分布の中心的傾向を表す．X の（原点周りの）**2 次モーメント**は

$$E(X^2) = \sum_{i=1}^{\infty} x_i^2 \Pr(X = x_i) = \sum_{i=1}^{\infty} x_i^2 f_i$$

で与えられる．ただし，右辺は存在するものとする．また，X の**分散**は

$$\mathrm{Var}(X) = E[\{X - E(X)\}^2] = \sum_{i=1}^{\infty}\{x_i - E(X)\}^2 \Pr(X = x_i)$$

$$= \sum_{i=1}^{\infty} \{x_i - E(X)\}^2 f_i$$

で定義され，公式 $\mathrm{Var}(X) = E(X^2) - \{E(X)\}^2$ が成立つ．分散は分布の広がりもしくはバラツキを表す．

連続型確率変数 X は，確率密度関数

$$f(x)\ (\geq 0), \quad -\infty < x < \infty;\ \int_{-\infty}^{\infty} f(x)dx = 1$$

で特徴付けられ，関数 $h(X)$ の数学的期待値は

$$E[h(X)] = \int_{-\infty}^{\infty} h(x)f(x)dx$$

で与えられる（右辺の存在は仮定する）．X の平均（中心的傾向）は $E(X)$，分散（広がりもしくはバラツキ）は $\mathrm{Var}(X) = E[\{X - E(X)\}^2]$ のことをいう．分散については，離散型のときと同じく，公式 $\mathrm{Var}(X) = E(X^2) - \{E(X)\}^2$ が成立つ．

では，第 1.1.1 項で不偏分散と呼ぶことがあるとした V_x^2 はどのような性質を持つのかについて調べよう．このために，連続型もしくは離散型確率変数を X，確率変数の列 $X_1, \ldots, X_n$ は互いに独立で X と同一の分布に従うとし，X の平均 $E(X)\ (= \mu)$ と分散 $\mathrm{Var}(X)\ (= \sigma^2)$ は存在するものとする[12]．そのとき，$X_1, \ldots, X_n$ から計算される $\overline{X} = \sum_{i=1}^n X_i/n$（確率変数の算術平均）と $V_X^2 = \sum_{i=1}^n (X_i - \overline{X})^2/(n-1)$（確率変数の分散）につき，

$$E(\overline{X}) = \mu, \quad E(V_X^2) = \sigma^2$$

が成立つ．上の式は，$\overline{X}$ と V_X^2 は，それぞれ，平均的に μ と σ^2 を当てていることを意味する．この意味で，$\overline{X}$ は μ の**不偏推定量** (unbiased estimator)[13]，V_X^2 は σ^2 の不偏推定量であるという．分布は特定していないので，分布によらない (distribution free) 結果となっている．一方，$S_X^2 = \sum_{i=1}^n (X_i - \overline{X})^2/n$ は σ^2 の不偏推定量ではない．実際，$E(S_X^2) = (n-1)\sigma^2/n \neq \sigma^2$ となる．X を Y で置き換えて V_Y^2 と S_Y^2 についても，X のときと同様なことは明らかであろう．

つぎに，連続型もしくは離散型確率ベクトルを $(X, Y)'$，確率ベクトルの列 $(X_1, Y_1)', \ldots, (X_n, Y_n)'$ は互いに独立で $(X, Y)'$ と同一の 2 変量確率分布に従うとし，X と Y の**共分散**

12) 実は，X の 2 次モーメントが存在すれば，X の平均と分散は存在することが言える．

13) $E(\overline{X}) - \mu$ を $\overline{X}$ の偏り (bias) という．偏りが 0，すなわち，$E(\overline{X}) = \mu$ のとき $\overline{X}$ は μ の不偏推定量と呼ぶわけである．

$$\mathrm{Cov}(X,Y) = E[\{X - E(X)\}\{Y - E(Y)\}] \ (= \gamma)$$

の存在を仮定する．共分散は X と Y の間の関連性の指標である．そのとき，$V_{XY} = \sum_{i=1}^{n}(X_i - \overline{X})(Y_i - \overline{Y})/(n-1)$ につき，

$$E(V_{XY}) = \gamma$$

が成立つ．すなわち，V_{XY} は γ の（分布によらない）不偏推定量である[14]．

確率変数 X と Y の間の共分散は二つの確率変数間の関連性の指標ではあるが，共分散は X と Y の単位の積の単位を持つ．では，無単位で関連性の指標は何かというと，それは，共分散 $\mathrm{Cov}(X,Y)$ を**標準偏差** $\sqrt{\mathrm{Var}(X)}$ と $\sqrt{\mathrm{Var}(Y)}$ の積で割って，X と Y の間の**相関係数**

$$\mathrm{Corr}(X,Y) = \frac{\mathrm{Cov}(X,Y)}{\sqrt{\mathrm{Var}(X)\mathrm{Var}(Y)}}$$

を定義することで達成される．ただし, $\mathrm{Var}(X) > 0$ かつ $\mathrm{Var}(Y) > 0$ を仮定する．$\mathrm{Var}(X) = 0$ もしくは $\mathrm{Var}(Y) = 0$ のとき，すなわち，X（Y についても同様）が 1 点 c に**退化した分布** (degenerate distribution) $\Pr(X = c) = 1$ とすると $\mathrm{Var}(X) = 0$ となり，相関係数は定義されない．X と Y の間の相関係数の右辺の $\mathrm{Cov}(X,Y)$, $\mathrm{Var}(X)$, $\mathrm{Var}(Y)$ を V_{XY}, V_X^2, V_Y^2 で置き換えてみる．そうすると，

$$\begin{aligned}\frac{V_{XY}}{\sqrt{V_X^2 V_Y^2}} &= \frac{\frac{1}{n-1}\sum_{i=1}^{n}(X_i - \overline{X})(Y_i - \overline{Y})}{\sqrt{\frac{1}{n-1}\sum_{i=1}^{n}(X_i - \overline{X})^2 \frac{1}{n-1}\sum_{i=1}^{n}(Y_i - \overline{Y})^2}} \\ &= \frac{\sum_{i=1}^{n}(X_i - \overline{X})(Y_i - \overline{Y})}{\sqrt{\sum_{i=1}^{n}(X_i - \overline{X})^2 \sum_{i=1}^{n}(Y_i - \overline{Y})^2}}\end{aligned}$$

と，Pearson の相関係数の形となることに注意しよう．なお，$\mathrm{Cov}(X,Y)$, $\mathrm{Var}(X)$, $\mathrm{Var}(Y)$ を S_{XY}, S_X^2, S_Y^2 で置き換えても同じ結果が得られる．

注意: V_{XY}, V_X^2, V_Y^2 は, それぞれ, $\mathrm{Cov}(X,Y)$, $\mathrm{Var}(X)$, $\mathrm{Var}(Y)$ の不偏推定量ではあるが, $V_{XY}/\sqrt{V_X^2 V_Y^2}$ が $\mathrm{Corr}(X,Y)$ の不偏推定量というわけではない．不偏性は, 関数変換に関して一般には不変な性質を持たないことに注意を要する．たとえば, V_X^2 は $\mathrm{Var}(X) = \sigma^2$ の不偏推定量であるが, $\sqrt{V_X^2}$ は σ の不偏推定量ではない．

[14] 共分散として $S_{XY} = \sum_{i=1}^{n}(X_i - \overline{X})(Y_i - \overline{Y})/n$ を採用することもできるが, $E(S_{XY}) = (n-1)\gamma/n \neq \gamma$ となるので, S_{XY} は γ の不偏推定量ではない．

相関係数の別表現：確率変数間の相関係数の重要な別表現として，つぎのものがある．確率ベクトル $(X,Y)'$ の二つの独立なコピー $(X_1,Y_1)'$ と $(X_2,Y_2)'$ に対し，

$$\begin{aligned}\frac{1}{2}E[(X_1-X_2)(Y_1-Y_2)] &= \frac{1}{2}E(X_1Y_1-X_1Y_2-X_2Y_1+X_2Y_2)\\ &= E(XY)-E(X)E(Y)\\ &= \mathrm{Cov}(X,Y)\end{aligned}$$

となる．分散についても同様な計算ができるので，$(X,Y)'$ の相関係数の別表現

$$\mathrm{Corr}(X,Y)=\frac{E[(X_1-X_2)(Y_1-Y_2)]}{\sqrt{E[(X_1-X_2)^2]E[(Y_1-Y_2)^2]}}$$

が可能である．

相関係数 $\mathrm{Corr}(X,Y)$ について，不等式 $|\mathrm{Corr}(X,Y)|\le 1$ が成立つ[15]．等号は，確率 1 で $X-E(X)$ と $Y-E(Y)$ が比例関係にあるときでそのときに限り成立つ．X と Y が**独立** (independent) であれば $E(XY)=E(X)E(Y)$ となるので，このとき共分散は $\mathrm{Cov}(X,Y)=E(XY)-E(X)E(Y)=0$ である．したがって，$\mathrm{Var}(X)>0$ かつ $\mathrm{Var}(Y)>0$ のとき，X と Y が独立ならば無相関が成立つ．逆は一般には成立しない．相関係数は X と Y の間の直線性の尺度を表し，X と Y の間に直線以外の強い関係があったとしても相関係数が 0 になることはあり得る．また，確率変数 X と Y に変換 $U=a_1X+b_1$ $(a_1\neq 0)$ と $V=a_2Y+b_2$ $(a_2\neq 0)$ を施して U と V の間の相関係数を計算すると，

$$\mathrm{Corr}(U,V)=\mathrm{sgn}(a_1a_2)\mathrm{Corr}(X,Y)$$

が成立つ．したがって，特に変換 $U=a_1X+b_1$ $(a_1>0)$ および $V=a_2Y+b_2$ $(a_2>0)$ に関して相関係数は不変であることが分かる．

一般に，p 次元確率ベクトル $\boldsymbol{Z}=(Z_1,\ldots,Z_p)'$ に対し，Z_i $(i=1,\ldots,p)$ と Z_j $(j=1,\ldots,p)$ の間の相関係数 $\mathrm{Corr}(Z_i,Z_j)$ を (i,j) 要素とする $p\times p$ 行列

[15] 実数 λ に関する 2 次不等式

$$\begin{aligned}0 \le &\mathrm{Var}(Y-\lambda X)\\ =&\mathrm{Var}(Y)\\ &-2\lambda\mathrm{Cov}(X,Y)\\ &+\lambda^2\mathrm{Var}(X)\end{aligned}$$

を得る．したがって，判別式を取ると，

$$\{\mathrm{Cov}(X,Y)\}^2\le \mathrm{Var}(X)\mathrm{Var}(Y)$$

となる．等号は，定数 c が存在して $\Pr(Y-\lambda X=c)=1$ となるときでそのときに限る．

$$\begin{pmatrix} \mathrm{Corr}(Z_1, Z_1) & \mathrm{Corr}(Z_1, Z_2) & \cdots & \mathrm{Corr}(Z_1, Z_p) \\ \mathrm{Corr}(Z_2, Z_1) & \mathrm{Corr}(Z_2, Z_2) & \cdots & \mathrm{Corr}(Z_2, Z_p) \\ \vdots & \vdots & \ddots & \vdots \\ \mathrm{Corr}(Z_p, Z_1) & \mathrm{Corr}(Z_p, Z_2) & \cdots & \mathrm{Corr}(Z_p, Z_p) \end{pmatrix}$$

は $\boldsymbol{Z}$ の**相関行列** (correlation matrix) と呼ばれる．なお，相関行列の対角要素は $\mathrm{Corr}(Z_i, Z_i) = 1$ $(i = 1, \ldots, p)$ で，$i \neq j$ に対し $\mathrm{Corr}(Z_i, Z_j) = \mathrm{Corr}(Z_j, Z_i)$ である[16]．多変量解析の手法の一つの主成分分析は相関行列もしくは共分散行列に基づいて行われる．

[16] すなわち，相関行列は対称行列である．

例 1（図 1.8 参照）：

(a) $\Pr(X = x, Y = y) = 1/n^2$ $(x, y = 1, \ldots, n;\ n \geq 2)$ のとき：X と Y は独立だから明らかに $\mathrm{Cov}(X, Y) = 0$ で，分散は 0 でないから，相関係数は 0 となる．

(b) $\Pr(X = x, Y = x) = 1/n$ $(x = 1, \ldots, n;\ n \geq 2)$ のとき：$(X, Y)'$ の取りうる値は直線 $y = x$ 上だから，相関係数は 1.

(c) $\Pr(X = x, Y = n + 1 - x) = 1/n$ $(x = 1, \ldots, n;\ n \geq 2)$ のとき：$(X, Y)'$ の取りうる値は直線 $y = -x + n + 1$ 上だから，相関係数は -1.

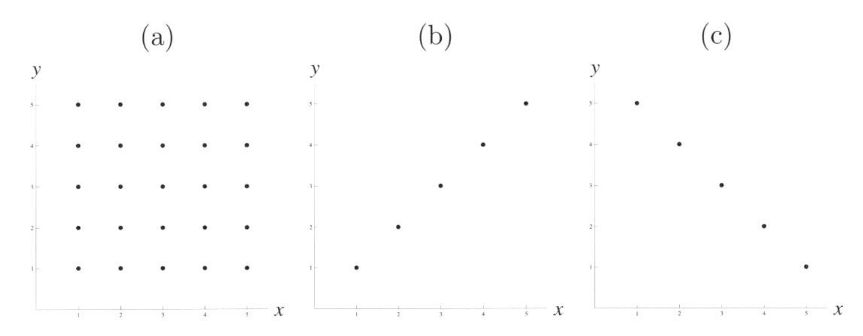

図 1.8 $n = 5$ の場合：(a) $\Pr(X = x, Y = y) = 1/n^2$，(b) $\Pr(X = x, Y = x) = 1/n$，(c) $\Pr(X = x, Y = n + 1 - x) = 1/n$.

例 2：確率変数 X は**標準正規分布** (standard normal distribution) $N(0, 1)$ に従うとし，確率変数 Y は $Y = X^2$ とする[17]．Y は X の 2 次関数という関係があるが，$E(X) = 0$，$\mathrm{Var}(X) = 1$，$E(X^2) =$

[17] X が標準正規分布に従うとき，X^2 は自由度 1 の χ^2（カイ二乗）分布 (chi-square distribution with 1 degree of freedom) χ_1^2 に従う．

1, $\mathrm{Var}(X^2) = 2$, $E(X^3) = 0$ なので $\mathrm{Corr}(X, Y) = 0$ である.

参考：標準正規分布 $N(0,1)$ の確率密度関数は

$$\phi(x) = \frac{1}{\sqrt{2\pi}} e^{-x^2/2} \quad (-\infty < x < \infty)$$

で与えられる. $N(0,1)$ に従う確率変数 X を $Z = a + bX$ $(b \neq 0)$ と変換すると, Z はパラメータ (a, b^2) の正規分布 $N(a, b^2)$ に従う. $N(a, b^2)$ の確率密度関数は

$$f(z) = \frac{1}{\sqrt{2\pi}\,|b|} e^{-(z-a)^2/(2b^2)} \quad (-\infty < z < \infty)$$

と表される. 自由度 1 の χ^2 分布 χ_1^2 に従う確率変数 $Y = X^2$（X は $N(0,1)$ に従う確率変数）の分布関数 $F(y)$ は, $y \leq 0$ に対して $F(y) = 0$ で, $y > 0$ に対して

$$\begin{aligned} F(y) &= \Pr(Y \leq y) = \Pr(X^2 \leq y) = \Pr(-\sqrt{y} \leq X \leq \sqrt{y}) \\ &= \int_{-\sqrt{y}}^{\sqrt{y}} \phi(x)dx = 2\int_0^{\sqrt{y}} \phi(x)dx \end{aligned}$$

となる. よって, χ_1^2 の確率密度関数

$$\begin{aligned} f(y) &= \frac{dF(y)}{dy} = \frac{1}{\sqrt{y}}\phi(\sqrt{y}) = \frac{1}{\sqrt{2\pi y}} e^{-y/2} \\ &= \frac{1}{2^{1/2}\Gamma(1/2)} y^{1/2-1} e^{-y/2} \quad (y > 0) \end{aligned}$$

を得る. なお, $\Gamma(\cdot)$ は**ガンマ関数** (gamma function)

$$\Gamma(s) = \int_0^\infty x^{s-1} e^{-x} dx \quad (s > 0)$$

を表し, $\Gamma(1/2) = \sqrt{\pi}$ である.

例 3：確率変数 Θ は単位円周上の**一様分布** (uniform distribution)[18] に従うとする. すなわち, Θ の確率密度関数は

$$f(\theta) = \frac{1}{2\pi} \quad (0 \leq \theta < 2\pi)$$

と書ける. いま, $X = \cos\Theta$, $Y = \sin\Theta$ とおくと, X と Y の間には $X^2 + Y^2 = 1$ という関係があるが,

18) 単位円周上の分布は, 第 6 章と第 7 章で扱われる方向統計学の文脈では,「角度の分布」を表す.

$$\begin{aligned} E(X) &= \frac{1}{2\pi}\int_0^{2\pi}\cos\theta\,d\theta = 0, \\ E(X^2) &= \frac{1}{2\pi}\int_0^{2\pi}\cos^2\theta\,d\theta = \frac{1}{2\pi}\int_0^{2\pi}\frac{1}{2}\{1+\cos(2\theta)\}\,d\theta \\ &= \frac{1}{2}\ (= \mathrm{Var}(X)), \end{aligned}$$

同様に $E(Y)=0$, $E(Y^2)=1/2\ (=\mathrm{Var}(Y))$ で,

$$E(XY) = \frac{1}{2\pi}\int_0^{2\pi}\cos\theta\sin\theta\,d\theta = \frac{1}{4\pi}\int_0^{2\pi}\sin(2\theta)\,d\theta = 0$$

だから, $\mathrm{Corr}(X,Y)=0$ となる.

例 4：確率ベクトル $(X,Y)'$ は $\mathrm{Var}(X)\neq 0$, $\mathrm{Var}(Y)\neq 0$ とし，結合確率密度関数 $f_{X,Y}(x,y)$ は y 軸に関して対称，すなわち，

$$f_{X,Y}(x,y) = f_{X,Y}(-x,y) \quad (-\infty < x < \infty,\ -\infty < y < \infty)$$

とする．このとき，共分散は $\mathrm{Cov}(X,Y)=0$ だから，相関係数は $\mathrm{Corr}(X,Y)=0$ となる．x 軸に関して対称としても，同様の結果を得ることは明らかであろう．

例 5 (Cramér, 1973, p. 279) [25]：負でない実数空間を**台** (support) に持つ確率密度関数 $g(\cdot)$ に基づいて，ベクトル $\boldsymbol{z}=(x,y)'$ に対してノルム $\|\boldsymbol{z}\|=\sqrt{x^2+y^2}$ の関数であるような結合確率密度関数[19)]

$$f(x,y) = \frac{g(\sqrt{x^2+y^2})}{2\pi\sqrt{x^2+y^2}}$$

を考える．関数 $f(x,y)$ が確率密度関数となることは，**極座標変換** $x=\xi\cos\theta$, $y=\xi\sin\theta$ ($\xi>0$, $0\le\theta<2\pi$) を施すと，ヤコビアンは $\partial(x,y)/\partial(\xi,\theta)=\xi$ だから,

$$\begin{aligned} \int_{-\infty}^{\infty}\int_{-\infty}^{\infty} f(x,y)dxdy &= \int_0^{\infty}\int_0^{2\pi}\frac{g(\xi)}{2\pi\xi}\,\xi d\xi d\theta \\ &= \int_0^{\infty} g(\xi)d\xi \times \int_0^{2\pi}\frac{1}{2\pi}\,d\theta \\ &= 1 \end{aligned}$$

となることより分かる．結合確率密度関数 $f(x,y)$ は，半径を c と

19) 「球形分布」の確率密度関数を表す.

する円 $x^2+y^2=c^2$ の上で定数を取る．分布の対称性から X と Y の間の相関係数は 0 であるが，X と Y は一般には独立でない．$g(\cdot)$ として，$g(t)=te^{-t^2/2}$ $(t>0)$ と取ると，

$$f(x,y)=\frac{1}{2\pi}\,e^{-(x^2+y^2)/2}$$

となり，これは標準正規確率密度関数の積だから X と Y は独立である．しかし，たとえば，$g(t)=e^{-t}$ $(t>0)$ と取ると，

$$f(x,y)=\frac{e^{-\sqrt{x^2+y^2}}}{2\pi\sqrt{x^2+y^2}}$$

となり，これは x と y の関数の積 $f_1(x)f_2(y)$ の形に書けないので独立でない．

例 6 (Borkowf *et al.*, 1997 [24]; Drouet Mari and Kotz, 2001 [29])：領域 $(0,1)\times(0,1)$ 上において結合確率密度関数 $f_{X,Y}(x,y)=1$ を持つ一様分布に従う確率ベクトル $(X,Y)'$ について，X と Y は独立だから明らかに無相関である．一様分布に少しの修正を加えて，無相関であるが独立ではない例[20] をつくる．

定数 a,h を $0<a<1/4$, $0<h<1$ とし，領域 $(0,1)\times(0,1)$ 上の結合確率密度関数

$$f_{X,Y}(x,y)=\begin{cases}0, & \left|x-\dfrac{1}{2}\right|<a,\ 0<y<h\\ 2, & a<\left|x-\dfrac{1}{2}\right|<2a,\ 0<y<h\\ 1, & \text{その他}\end{cases}$$

を考えよう（図 1.9 参照）．そのとき，1 次**積モーメント** (product moment) は $E(XY)=1/4$ となる．また，周辺確率密度関数

$$f_X(x)=\begin{cases}1-h, & \left|x-\dfrac{1}{2}\right|<a\\ 1+h, & a<\left|x-\dfrac{1}{2}\right|<2a\\ 1, & \left|x-\dfrac{1}{2}\right|>2a\end{cases}$$

および $f_Y(y)=1$ $(0<y<1)$ を得るので，周辺分布の平均は $E(X)=E(Y)=1/2$，分散は $\mathrm{Var}(X)=1/12+4ha^3$ $(\neq$

[20] Drouet Mari and Kotz (2001) 第 2.3 節 [29] にいくつかの例が紹介されている．

0)，$\mathrm{Var}(Y) = 1/12\ (\neq 0)$ となる．X と Y の間の共分散は $\mathrm{Cov}(X,Y) = E(XY) - E(X)E(Y) = 0$ だから，この例の X と Y は無相関であるが独立ではない．

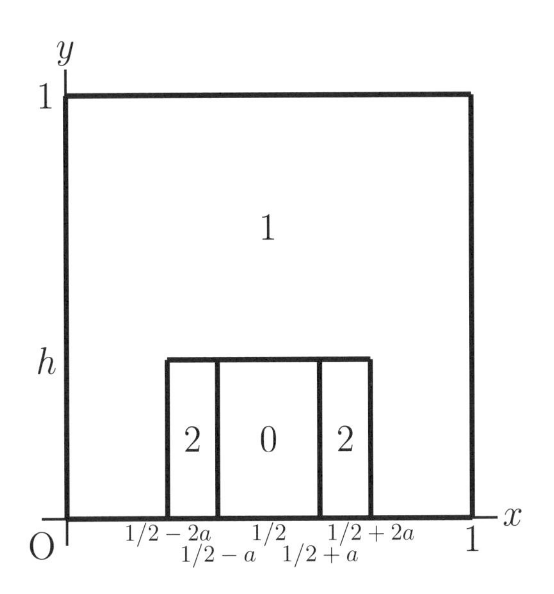

図 1.9　無相関であるが独立ではない例 (Borkowf *et al.*, 1997 [24]; Drouet Mari and Kotz, 2001, Section 2.3 [29]).

例 7（正の相関係数の非推移性）：3 つの退化しない独立な確率変数 U, V, W に対し，$X = U + V$，$Y = W + V$，$Z = W - U$ とおくと，

$$\mathrm{Cov}(X,Y) = \mathrm{Var}(V) > 0, \quad \mathrm{Cov}(Y,Z) = \mathrm{Var}(W) > 0$$

であるが，$\mathrm{Cov}(X,Z) = -\mathrm{Var}(U) < 0$ となる．よって，正の相関係数の推移性は一般には成立しない (Langford *et al.*, 2001 [45])．すなわち，X と Y に正の相関関係があり，Y と Z に正の相関関係があったとしても，X と Z に正の相関関係があるとは言い切れない．

1.3　2 変量正規分布の場合

確率ベクトル $(X,Y)'$ が **2 変量正規分布** $N_2(\mu_1, \mu_2, \sigma_1^2, \sigma_2^2, \rho)$ に

従うとき，その結合確率密度関数は，

$$Q = -\frac{1}{2(1-\rho^2)} \times \left\{ \left(\frac{x-\mu_1}{\sigma_1}\right)^2 - 2\rho\left(\frac{x-\mu_1}{\sigma_1}\right)\left(\frac{y-\mu_2}{\sigma_2}\right) + \left(\frac{y-\mu_2}{\sigma_2}\right)^2 \right\}$$

とおくとき，

$$f(x,y) = \frac{1}{2\pi\sigma_1\sigma_2\sqrt{1-\rho^2}} \exp Q,$$

で与えられる．パラメータは $-\infty < \mu_1, \mu_2 < \infty$，$\sigma_1, \sigma_2 > 0$，$-1 < \rho < 1$ である．2 変量正規分布 $N_2(0,0,1,1,\rho)$ において，$\rho = 0, 0.5, -0.5$ の場合の結合確率密度関数の 3 次元プロットと等高線プロットを図 1.10 に示す．

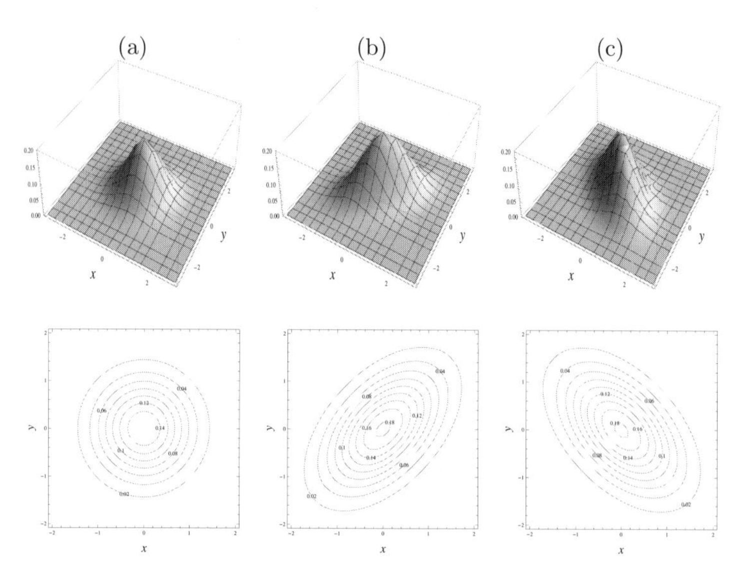

図 1.10 $N_2(0,0,1,1,\rho)$ の結合確率密度関数の 3 次元プロットと等高線プロット：(a) $\rho = 0$，(b) $\rho = 0.5$，(c) $\rho = -0.5$.

$N_2(\mu_1, \mu_2, \sigma_1^2, \sigma_2^2, \rho)$ に従う確率ベクトル $(X,Y)'$ の X と Y の平均はそれぞれ $E(X) = \mu_1$ と $E(Y) = \mu_2$，分散は $\mathrm{Var}(X) = \sigma_1^2$ と $\mathrm{Var}(Y) = \sigma_2^2$，共分散は $\mathrm{Cov}(X,Y) = \sigma_1\sigma_2\rho$ となる．したがって，相関係数 $\mathrm{Corr}(X,Y) = \rho$ を得る．実際，$(X,Y)'$ の結合**キュムラン**

ト母関数 (cumulant generating function) は

$$\begin{aligned} c(s,t) &= \log E(e^{sX+tY}) \\ &= \mu_1 s + \mu_2 t + \frac{1}{2}\left(\sigma_1^2 s^2 + 2\rho\sigma_1\sigma_2 st + \sigma_2^2 t^2\right) \end{aligned}$$

なので,

$$E(X) = \left.\frac{\partial c(s,t)}{\partial s}\right|_{s=t=0} = \mu_1, \quad \mathrm{Var}(X) = \left.\frac{\partial^2 c(s,t)}{\partial s^2}\right|_{s=t=0} = \sigma_1^2$$

であり，同様に $E(Y) = \mu_2$ と $\mathrm{Var}(Y) = \sigma_2^2$ を得，さらに

$$\mathrm{Cov}(X,Y) = \left.\frac{\partial^2 c(s,t)}{\partial s \partial t}\right|_{s=t=0} = \rho\sigma_1\sigma_2$$

だから，X と Y の間の相関係数は

$$\mathrm{Corr}(X,Y) = \frac{\rho\sigma_1\sigma_2}{\sqrt{\sigma_1^2\sigma_2^2}} = \rho$$

となる．

確率変数 X と Y が独立であればそれらの共分散はゼロであるから（分散はゼロでないとして）相関係数もゼロであるが，逆は一般には成立しないことを示してある．2 変量正規分布では，相関係数 ρ が $\rho = 0$ のとき，X と Y の結合確率密度関数は

$$\begin{aligned} f(x,y) &= \frac{1}{2\pi\sigma_1\sigma_2}\exp\left[-\frac{1}{2}\left\{\left(\frac{x-\mu_1}{\sigma_1}\right)^2 + \left(\frac{y-\mu_2}{\sigma_2}\right)^2\right\}\right] \\ &= \frac{1}{\sqrt{2\pi}\sigma_1}\exp\left\{-\frac{1}{2}\left(\frac{x-\mu_1}{\sigma_1}\right)^2\right\} \\ &\quad \times \frac{1}{\sqrt{2\pi}\sigma_2}\exp\left\{-\frac{1}{2}\left(\frac{y-\mu_2}{\sigma_2}\right)^2\right\} \end{aligned}$$

と X の確率密度関数と Y の確率密度関数の積になるので，X と Y は独立である．よって，2 変量正規分布では，X と Y が独立であることと X と Y の間の相関係数がゼロであることは同値である．

参考：キュムラント母関数を，簡単のために確率変数 X に対して説明する．X の**モーメント母関数** (moment generating function) は $M(t) = E(e^{tX})$ で定義される．この定義において右辺が必ず存在するとは言っていず，右辺が存在するときにそれをモーメント母関数

と呼ぶという定義である．キュムラント母関数 $c(t)$ はモーメント母関数の対数 $c(t) = \log M(t)$ で定義される．X の平均と分散は，それぞれ，キュムラント母関数を引数 t で 1 階および 2 階微分して 0 を代入することにより得られる[21)]．実際，

$$c'(t)\Big|_{t=0} = \frac{M'(t)}{M(t)}\Big|_{t=0} = M'(0) = E(X)$$

で，また

$$\begin{aligned} c''(t)\Big|_{t=0} &= \frac{M''(t)M(t) - \{M'(t)\}^2}{M^2(t)}\Big|_{t=0} \\ &= M''(0) - \{M'(0)\}^2 = \mathrm{Var}(X) \end{aligned}$$

である．

21) モーメント母関数 $M(t)$ からは，

$$M^{(k)}(t)\Big|_{t=0} = E(X^k)$$

と k 次モーメントが生成される．

注意：2 変量正規分布の確率密度関数を

$$f(\boldsymbol{z}) = \frac{1}{2\pi|\Sigma|^{1/2}} \exp\left\{-\frac{1}{2}(\boldsymbol{z}-\boldsymbol{\mu})'\Sigma^{-1}(\boldsymbol{z}-\boldsymbol{\mu})\right\}$$

と書くことができる．ここで，

$$\boldsymbol{z} = \begin{pmatrix} x \\ y \end{pmatrix}, \quad \boldsymbol{\mu} = \begin{pmatrix} \mu_1 \\ \mu_2 \end{pmatrix}, \quad \Sigma = \begin{pmatrix} \sigma_1^2 & \rho\sigma_1\sigma_2 \\ \rho\sigma_1\sigma_2 & \sigma_2^2 \end{pmatrix}$$

である．$\boldsymbol{\mu}$ は分布の平均ベクトル，Σ は分布の分散共分散行列を表す．確率密度関数のこの表現は，多変量正規分布への拡張を示唆するものとなっている．

注意：2 変量正規分布 $N_2(\mu_1, \mu_2, \sigma_1^2, \sigma_2^2, \rho)$ に従う確率ベクトル $(X_1, X_2)'$ から $Y_i = (X_i - \mu_i)/\sigma_i$ $(i = 1, 2)$ をつくると，$(Y_1, Y_2)'$ は 2 変量正規分布 $N_2(0, 0, 1, 1, \rho)$ に従う．このとき，$(Y_1, Y_2)'$ の**平均二乗差** (MSD: Mean Squared Difference) は

$$\mathrm{MSD} = E[(Y_1 - Y_2)^2] = 2(1 - \rho)$$

と計算される．MSD が小さければ小さい（ρ が 1 に近い）ほど Y_1 と Y_2 は似ていると判断される．

1.4 正規分布以外の場合

多変量連続型確率分布や離散型確率分布でも確率変数間の相関係数を定義できる．ここでは，例として，連続型確率分布の 2 変量対数正規分布と Dirichlet（ディリクレ）分布，離散型確率分布の多項分布を取りあげる．

1.4.1 2 変量対数正規分布

確率ベクトル $(X,Y)'$ が 2 変量正規分布 $N_2(\mu_1,\mu_2,\sigma_1^2,\sigma_2^2,\rho)$ に従うとき，確率変数ごとに指数変換された確率ベクトル $(S,T)' = (e^X,e^Y)'$ の従う分布は 2 変量**対数正規分布** (lognormal distribution) $\Lambda_2(\mu_1,\mu_2,\sigma_1^2,\sigma_2^2,\rho)$ と呼ばれ，その結合確率密度関数は

$$\begin{aligned} f(s,t) &= \frac{1}{2\pi st|\Sigma|^{1/2}}\exp\left\{-\frac{1}{2}(\log \boldsymbol{z}-\boldsymbol{\mu})'\Sigma^{-1}(\log \boldsymbol{z}-\boldsymbol{\mu})\right\} \\ &= \frac{1}{2\pi st\sigma_1\sigma_2\sqrt{1-\rho^2}}\exp\left[-\frac{1}{2(1-\rho^2)}\left\{\left(\frac{\log s-\mu_1}{\sigma_1}\right)^2\right.\right. \\ &\qquad \left.\left.-2\rho\left(\frac{\log s-\mu_1}{\sigma_1}\right)\left(\frac{\log t-\mu_2}{\sigma_2}\right)+\left(\frac{\log t-\mu_2}{\sigma_2}\right)^2\right\}\right] \end{aligned}$$

で与えられる．ただし，$\log \boldsymbol{z} = (\log s, \log t)'$ $(s>0, t>0)$，$\boldsymbol{\mu} = (\mu_1,\mu_2)'$ および $\Sigma = \begin{pmatrix} \sigma_1^2 & \rho\sigma_1\sigma_2 \\ \rho\sigma_1\sigma_2 & \sigma_2^2 \end{pmatrix}$ を表す．図 1.11 に，2 変量対数正規分布 $\Lambda_2(0,0,1,1,\rho)$ の結合確率密度関数の 3 次元プロットと等高線プロットを，$\rho = -0.8, 0, 0.5$ に対して与える．特に，$\rho=0$ のとき，S と T は独立となる．

$\Lambda_2(\mu_1,\mu_2,\sigma_1^2,\sigma_2^2,\rho)$ の相関係数は，つぎのように求められる．$(S,T)'$ の原点周りの (p_1,p_2) 次結合モーメントは，$(X,Y)'$ の結合モーメント母関数から，

$$\begin{aligned} E(S^{p_1}T^{p_2}) &= E(e^{p_1X+p_2Y}) = \exp\left(\boldsymbol{p}'\boldsymbol{\mu}+\frac{1}{2}\boldsymbol{p}'\Sigma\boldsymbol{p}\right) \\ &= \exp\left\{\boldsymbol{p}'\boldsymbol{\mu}+\frac{1}{2}\mathrm{tr}(\Sigma\boldsymbol{p}\boldsymbol{p}')\right\} \qquad (\boldsymbol{p}=(p_1,p_2)') \end{aligned}$$

となる．ここで，tr は**トレース**（trace，跡 = 正方行列の主対角成分の総和）を表す．共分散と分散は

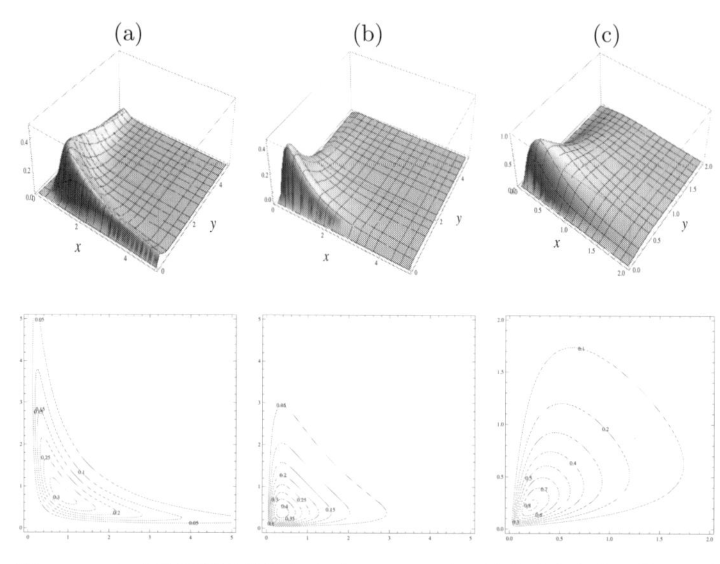

図 **1.11** 2 変量対数正規分布 $\Lambda_2(0,0,1,1,\rho)$ の結合確率密度関数の 3 次元プロットと等高線プロット： (a) $\rho=-0.8$, (b) $\rho=0$（独立）, (c) $\rho=0.5$.

$$\mathrm{Cov}(S,T)=e^{\mu_1+\mu_2+(\sigma_1^2+\sigma_2^2)/2}\left(e^{\rho\sigma_1\sigma_2}-1\right),$$

$$\mathrm{Var}(S)=e^{2\mu_1+\sigma_1^2}\left(e^{\sigma_1^2}-1\right),\quad \mathrm{Var}(T)=e^{2\mu_2+\sigma_2^2}\left(e^{\sigma_2^2}-1\right)$$

と求められる．したがって，S と T の間の相関係数

$$\mathrm{Corr}(S,T)=\frac{\mathrm{Cov}(S,T)}{\sqrt{\mathrm{Var}(S)\mathrm{Var}(T)}}=\frac{e^{\rho\sigma_1\sigma_2}-1}{\sqrt{\left(e^{\sigma_1^2}-1\right)\left(e^{\sigma_2^2}-1\right)}}$$

を得る．σ_1 と σ_2 が小さいとき，Maclaurin（マクローリン）展開

$$e^z=1+z+\frac{z^2}{2}+\cdots\quad(|z|<\infty)$$

より，近似的に $\mathrm{Corr}(S,T)\approx\rho$ となる．

1.4.2 Dirichlet 分布

Dirichlet（ディリクレ）**分布** (Dirichlet distribution) はベータ分布 (beta distribution) の多変量化で，確率ベクトル $\boldsymbol{X}=(X_1,\ldots,X_m)'$ の結合確率密度関数が

$$f_m(x_1,\ldots,x_m)=\frac{1}{B_m(\boldsymbol{\alpha})}\prod_{i=1}^{m+1}x_i^{\alpha_i-1}$$

と表される分布をいう．分布の結合確率密度関数の台は

$$\mathcal{S} = \left\{ (x_1, \ldots, x_m, x_{m+1}) \,\middle|\, \sum_{i=1}^{m+1} x_i = 1,\ x_i > 0 \quad (i = 1, \ldots, m, m+1) \right\}$$

である．ここで，分布のパラメータは $\boldsymbol{\alpha} = (\alpha_1, \ldots, \alpha_m, \alpha_{m+1})'$ であり，$B_m(\boldsymbol{\alpha})$ は多変量の場合に拡張された**ベータ関数** (beta function)

$$B_m(\boldsymbol{\alpha}) = \frac{\prod_{i=1}^{m+1} \Gamma(\alpha_i)}{\Gamma(\alpha)} \quad \left(\alpha = \sum_{i=1}^{m+1} \alpha_i,\ \alpha_i > 0 \quad (i = 1, \ldots, m, m+1) \right)$$

を表す．確率ベクトル $\boldsymbol{X} = (X_1, \ldots, X_m)'$ がパラメータ $\boldsymbol{\alpha}$ の Dirichlet 分布に従うことを $\boldsymbol{X} \sim D_m(\boldsymbol{\alpha})$ と書くことにする．特別に $m = 1$ のときには，

$$f_1(x) = \frac{1}{B(\alpha_1, \alpha_2)}\, x^{\alpha_1 - 1}(1 - x)^{\alpha_2 - 1} \quad (0 < x < 1)$$

とパラメータ (α_1, α_2) のベータ分布に帰着する．ここで，$B(\cdot, \cdot)$ はベータ関数

$$B(\alpha_1, \alpha_2) = \int_0^1 t^{\alpha_1 - 1}(1 - t)^{\alpha_2 - 1} dt \quad (\alpha_1, \alpha_2 > 0)$$

を表す[22)]．

関数 $f_m(x_1, \ldots, x_m)$ は $\mathcal{S}$ の上で常に正の値を取るから，f_m が結合確率密度関数であることを示すには，f_m を $\mathcal{S}$ 上で積分して値が 1 となることを示せばよい．それには，Dirichlet 分布の生成に戻って，Y_j $(j = 1, \ldots, m, m+1)$ は互いに独立で形のパラメータが α_j (> 0) のつぎの確率密度関数

$$f(y_j) = \begin{cases} \dfrac{1}{\Gamma(\alpha_j)}\, y_j^{\alpha_j - 1} e^{-y_j} & (y_j > 0) \\ 0 & (y_j \leq 0) \end{cases}$$

を持つ**ガンマ分布** (gamma distribution) から出発する．明らかに

$$\int_0^\infty \cdots \int_0^\infty \prod_{j=1}^{m+1} f(y_j) \prod_{j=1}^{m+1} dy_j = 1$$

22) ベータ関数は，ガンマ関数を使って

$$B(\alpha_1, \alpha_2) = \frac{\Gamma(\alpha_1)\Gamma(\alpha_2)}{\Gamma(\alpha_1 + \alpha_2)}$$

と表される．

を満たす．Y_j $(j = 1, \ldots, m, m+1)$ の結合確率密度関数 $\prod_{j=1}^{m+1} f(y_j)$ を

$$X_i = \frac{Y_i}{Y_1 + \cdots + Y_m + Y_{m+1}} \quad (i = 1, \ldots, m, m+1)$$

と変換して $(X_1, \ldots, X_m, X_{m+1})$ の結合確率密度関数を求めることにする．X_i は制約式 $\sum_{i=1}^{m+1} X_i = 1$ を満たすので，確率ベクトル $\boldsymbol{X} = (X_1, \ldots, X_m)'$ の分布を求めればよい．そのために，

$$\begin{cases} T = Y_1 + \cdots + Y_m + Y_{m+1} \\ X_i = \dfrac{Y_i}{Y_1 + \cdots + Y_m + Y_{m+1}} \quad (i = 1, \ldots, m) \end{cases}$$

と $(Y_1, \ldots, Y_m, Y_{m+1})$ から $(X_1, \ldots, X_m, T)$ へ変換し，そのあとに $(X_1, \ldots, X_m)$ の周辺分布を計算するという方法を取る．逆変換は

$$\begin{cases} Y_i = TX_i \quad (i = 1, \ldots, m) \\ Y_{m+1} = T - (Y_1 + \cdots + Y_m) \\ \phantom{Y_{m+1}} = T\{1 - (X_1 + \cdots + X_m)\} \, (= TX_{m+1}) \end{cases}$$

であり，この変換のヤコビアンを計算すると，

$$\begin{aligned} \frac{\partial(y_1, \ldots, y_m, y_{m+1})}{\partial(x_1, \ldots, x_m, t)} &= \begin{vmatrix} t & 0 & \cdots & \cdots & 0 & x_1 \\ 0 & t & 0 & \cdots & 0 & x_2 \\ \vdots & \vdots & \ddots & \ddots & \vdots & \vdots \\ \vdots & \vdots & \ddots & \ddots & \vdots & \vdots \\ 0 & 0 & \cdots & 0 & t & x_m \\ -t & -t & \cdots & -t & -t & x_{m+1} \end{vmatrix} \\ &= \begin{vmatrix} t & 0 & \cdots & \cdots & 0 & x_1 \\ 0 & t & 0 & \cdots & 0 & x_2 \\ \vdots & \vdots & \ddots & \ddots & \vdots & \vdots \\ \vdots & \vdots & \ddots & \ddots & \vdots & \vdots \\ 0 & 0 & \cdots & 0 & t & x_m \\ 0 & 0 & \cdots & 0 & 0 & 1 \end{vmatrix} \\ &= t^m \end{aligned}$$

となるので，

$$
\begin{aligned}
&\prod_{i=1}^{m+1} \frac{1}{\Gamma(\alpha_i)} y_i^{\alpha_i-1} e^{-y_i} \prod_{i=1}^{m+1} dy_i \\
&= \left(\prod_{i=1}^{m+1} \frac{1}{\Gamma(\alpha_i)} (tx_i)^{\alpha_i-1} e^{-tx_i} \right) \times t^m \prod_{i=1}^{m} dx_i dt \\
&= \left(\prod_{i=1}^{m+1} \frac{1}{\Gamma(\alpha_i)} x_i^{\alpha_i-1} \prod_{i=1}^{m} dx_i \right) \times \left(t^{\alpha-1} e^{-t} dt \right)
\end{aligned}
$$

となる．よって，

$$
\int_0^\infty \prod_{i=1}^{m+1} \frac{1}{\Gamma(\alpha_i)} x_i^{\alpha_i-1} t^{\alpha-1} e^{-t} dt = \frac{\Gamma(\alpha)}{\prod_{i=1}^{m+1} \Gamma(\alpha_i)} \prod_{i=1}^{m+1} x_i^{\alpha_i-1}
$$

と $D_m(\boldsymbol{\alpha})$ の結合確率密度関数を得る．

$m = 2$ のときの $D_2(\alpha_1, \alpha_2, \alpha_3)$ の確率密度関数

$$
\begin{aligned}
f_2(x, y) = &\frac{\Gamma(\alpha_1 + \alpha_2 + \alpha_3)}{\Gamma(\alpha_1)\Gamma(\alpha_2)\Gamma(\alpha_3)} \\
&\times x^{\alpha_1-1} y^{\alpha_2-1} (1 - x - y)^{\alpha_3-1} \quad (x, y > 0;\ x + y < 1)
\end{aligned}
$$

の 3 次元プロットと等高線プロットを図 1.12 に示す．パラメータの組合せは (a) $D_2(5, 5, 5)$，(b) $D_2(2, 4, 6)$，(c) $D_2(5, 4, 3)$ と選んだ．

$D_m(\boldsymbol{\alpha})$ に従う確率ベクトル $\boldsymbol{X}$ の要素 X_j $(j = 1, \ldots, m)$ の平均は，定義により，

$$
\begin{aligned}
E(X_j) &= \int_{\mathcal{S}} x_j f_m(x_1, \ldots, x_m) \prod_{i=1}^{m} dx_i \\
&= \frac{1}{B_m(\boldsymbol{\alpha})} \int_{\mathcal{S}} \left(\prod_{i=1,\ldots,m,m+1; i \neq j} x_i^{\alpha_i-1} \right) x_j^{\alpha_j+1-1} \prod_{i=1}^{m} dx_i
\end{aligned}
$$

となるが，ここで $\boldsymbol{\alpha}^* = (\alpha_1, \ldots, \alpha_{j-1}, \alpha_j + 1, \alpha_{j+1}, \ldots, \alpha_m, \alpha_{m+1})'$ とおくと，与式は

$$
\begin{aligned}
\frac{B_m(\boldsymbol{\alpha}^*)}{B_m(\boldsymbol{\alpha})} &= \frac{\Gamma(\alpha)}{\prod_{i=1}^{m+1} \Gamma(\alpha_i)} \times \frac{\prod_{i=1,\ldots,m,m+1; i \neq j} \Gamma(\alpha_i)\Gamma(\alpha_j + 1)}{\Gamma(\alpha + 1)} \\
&= \frac{\Gamma(\alpha)\Gamma(\alpha_j + 1)}{\Gamma(\alpha_j)\Gamma(\alpha + 1)} = \frac{\alpha_j}{\alpha}
\end{aligned}
$$

となる．よって，$E(X_j) = \alpha_j/\alpha$ と得られる．同様な計算で，X_j $(j = 1, \ldots, m)$ の原点周りの s 次モーメント $E(X_j^s)$ は，s が正

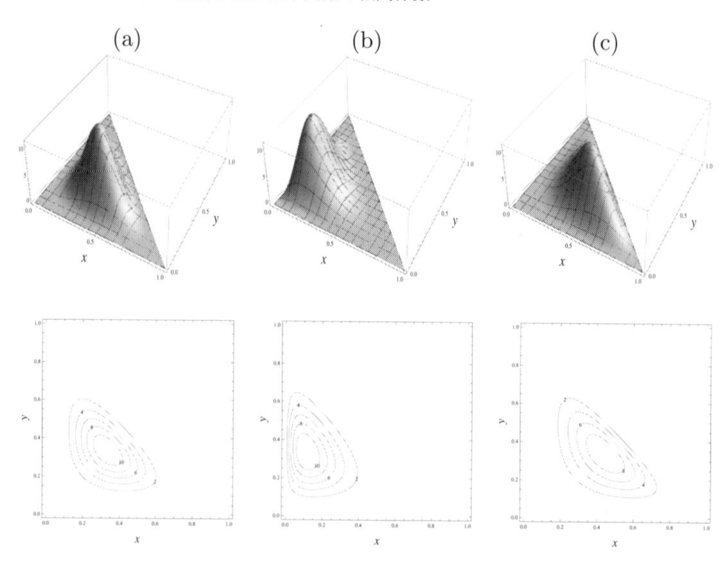

図 **1.12** Dirichlet 分布 $D_2(\boldsymbol{\alpha})$ の結合確率密度関数の 3 次元プロットと等高線プロット：(a) $\alpha_1 = \alpha_2 = \alpha_3 = 5$, (b) $\alpha_1 = 2, \alpha_2 = 4, \alpha_3 = 6$, (c) $\alpha_1 = 5, \alpha_2 = 4, \alpha_3 = 3$.

の整数のときはもちろん，正の整数と限らずに $\alpha_j + s > 0$ を満たすならば，

$$E(X_j^s) = \frac{\Gamma(\alpha)\Gamma(\alpha_j + s)}{\Gamma(\alpha_j)\Gamma(\alpha + s)}$$

とガンマ関数を用いて表現でき，s が正の整数であればさらに

$$E(X_j^s) = \frac{(\alpha_j)_s}{(\alpha)_s}$$

と表せる．ここで，$(a)_s$ は s 次の**上昇階乗** (ascending factorial)

$$(a)_s = \begin{cases} a(a+1)\cdots(a+s-1) & (s \geq 1) \\ 1 & (s = 0) \end{cases}$$

を表し，**Pochhammer**（ポッホハンマー）**記号** (Pochhammer symbol) と呼ばれる．X_j $(j = 1, \ldots, m)$ の分散は

$$\mathrm{Var}(X_j) = E(X_j^2) - \{E(X_j)\}^2 = \frac{\alpha_j(\alpha - \alpha_j)}{\alpha^2(\alpha + 1)}$$

である．

より一般のモーメント

$$E\left(\prod_{j=1}^{m} X_j^{s_j}\right) = \frac{B_m(\boldsymbol{\alpha}+\boldsymbol{s})}{B_m(\boldsymbol{\alpha})}$$

が，すべての $j = 1, \ldots, m$ に対して $\alpha_j + s_j > 0$ である限り，成立つ．ここで，$\boldsymbol{s} = (s_1, \ldots, s_m, 0)'$ を表す．s_j $(j = 1, \ldots, m)$ が正の整数のときには

$$E\left(\prod_{j=1}^{m} X_j^{s_j}\right) = \frac{\prod_{j=1}^{m}(\alpha_j)_{s_j}}{(\alpha)_{s_1+\cdots+s_m}}$$

と表現できる．したがって $m > 1$ のとき，X_j と X_k $(j,k = 1, \ldots, m; j \neq k)$ の間の 1 次積モーメントは

$$E(X_j X_k) = \frac{\alpha_j \alpha_k}{\alpha(\alpha+1)}$$

となる．最終的に，X_j と X_k $(j,k = 1, \ldots, m; j \neq k)$ の間の相関係数

$$\mathrm{Corr}(X_j, X_k) = \frac{\frac{\alpha_j \alpha_k}{\alpha(\alpha+1)} - \frac{\alpha_j \alpha_k}{\alpha^2}}{\sqrt{\frac{\alpha_j(\alpha-\alpha_j)}{\alpha^2(\alpha+1)} \frac{\alpha_k(\alpha-\alpha_k)}{\alpha^2(\alpha+1)}}} = -\sqrt{\frac{\alpha_j \alpha_k}{(\alpha-\alpha_j)(\alpha-\alpha_k)}}$$

を得る．相関係数は常に負の値を取ることに注意しよう．制約条件 $\sum_{i=1}^{m+1} X_i = 1$ があるので，X_j が大きい（小さい）値を取るとき X_k $(k \neq j)$ は小さい（大きい）値を取る傾向にある．

1.4.3 多項分布

n 個のボールを一つずつ k 個の箱の中に放りこんだとき，それぞれの箱に入った個数は $(n_1, \ldots, n_k)$ であったとする．このとき，$\sum_{i=1}^{k} n_i = n$ となる．ここでは「ボール」とか「箱」という語を使っているが，実物のボールや箱の必要はないし，添え字も 1 から k でなくてよい．たとえば，n 人に 1 週間の連続テレビ番組の視聴回数をアンケートにより尋ねたとすると，0 回の視聴回数，1 回の視聴回数，... というようにして 7 回の視聴回数までのデータ $(n_0, n_1, \ldots, n_7)$ が得られる．各人はどれかの回数の視聴をしているはずだから，n_0 から n_7 までの和は $\sum_{i=0}^{7} n_i = n$ となる．

このような現象のモデル化を**多項分布** (multinomial distribution) によって行うとつぎのようになる．n 個のボールを k 個

の箱の中に放り込むとき，各箱に入る個数を X_i $(0 \leq X_i \leq n\ (i=1,\ldots,k);\ \sum_{i=1}^{k} X_i = n)$ とする．確率ベクトルを $\boldsymbol{X}_k = (X_1,\ldots,X_k)'$ とおくとき，多項分布 $\mathrm{Multi}(n; p_1,\ldots,p_k)$ の結合確率関数は

$$\Pr(\boldsymbol{X}_k = \boldsymbol{x}_k) = \frac{n!}{n_1!\cdots n_k!}\prod_{i=1}^{k} p_i^{n_i}$$

と表現される．結合確率関数となることは，多項定理

$$(p_1+\cdots+p_k)^n = \sum_{n_1+\cdots+n_k=n} \frac{n!}{n_1!\cdots n_k!}\prod_{i=1}^{k} p_i^{n_i}$$

から言える．ここで，パラメータ $(p_1,\ldots,p_k)$ は $p_i > 0\ (i = 1,\ldots,k)$，$\sum_{i=1}^{k} p_i = 1$ で，$\boldsymbol{x}_k = (n_1,\ldots,n_k)'$ $(0 \leq n_i \leq n\ (i = 1,\ldots,k);\ \sum_{i=1}^{k} n_i = n)$ である．多項分布 $\mathrm{Multi}(n; p_1,\ldots,p_k)$ は，X_i の和について $\sum_{i=1}^{k} X_i = n$ の制約条件があるので，退化している．

特別な場合として $k=2$ のとき，**二項分布** (binomial distribution) $\mathrm{Multi}(n; p_1, p_2)$ の確率関数は

$$\Pr(X_1 = n_1, X_2 = n_2) = \frac{n!}{n_1!n_2!}\, p_1^{n_1} p_2^{n_2}$$
$$(p_1, p_2 > 0,\ p_1 + p_2 = 1;\ 0 \leq n_1, n_2 \leq n, n_1 + n_2 = n)$$

であるが，制約条件 $X_1 + X_2 = n$ から，パラメータ (n, p_1) の二項分布の確率関数は，通常，

$$\Pr(X_1 = n_1) = \frac{n!}{n_1!(n-n_1)!}\, p_1^{n_1}(1-p_1)^{n-n_1}$$
$$(0 < p_1 < 1;\ n_1 = 0,\ldots,n)$$

と書かれる．二項分布の確率関数

$$f(x|p) = \binom{n}{x} p^x (1-p)^{n-x}$$

の p が確率密度関数

$$g(p) = \frac{1}{B(a,b)}\, p^{a-1}(1-p)^{b-1}$$

のベータ分布 $\mathrm{Beta}(a,b)$ を事前分布として持つとき，事後分布は確率密度関数

$$
\begin{aligned}
f(p|x) &= \frac{f(x|p)f(p)}{f(x)} \\
&= \frac{1}{B(a+x, b+n-x)} p^{a+x-1}(1-p)^{b+n-x-1}
\end{aligned}
$$

のベータ分布 $\mathrm{Beta}(a+x, b+n-x)$ となる．したがって，ベータ分布は二項分布の**共役事前分布** (conjugate prior distribution) である．より一般に，Dirichlet 分布は多項分布の共役事前分布となっている．

多項分布における X_i と X_j $(i, j = 1, \ldots, k;\ i \neq j)$ の間の相関係数を求めてみる．X_1 から X_k までの和が一定の n であることから，X_i が大きい（小さい）値を取るとき X_j $(i \neq j)$ は小さい（大きい）値を取る傾向にあるであろう．したがって，X_i と X_j の間の相関係数は負の値，すなわち負の相関を示すであろうことが予想できる．実際，相関係数は

$$
\mathrm{Corr}(X_i, X_j) = -\sqrt{\frac{p_i p_j}{(1-p_i)(1-p_j)}} \quad (1 \leq i < j \leq k)
$$

で与えられ，それは負の値を取る．$\sqrt{\cdot}$ の中は X_i と X_j のオッズ $p_i/(1-p_i)$ と $p_j/(1-p_j)$ の積として表現され，$(1-p_i)(1-p_j) - p_i p_j = 1 - p_i - p_j > 0$ だから右辺の絶対値は確かに 1 以下となっていることが分かる．相関係数の求め方の一つを下記に示すので，興味ある読者は参照されたい．

定数ベクトル $\boldsymbol{t}_k = (t_1, \ldots, t_k)'$ に対し，$\mathrm{Multi}(n; n_1, \ldots, n_k)$ のモーメント母関数は

$$
\begin{aligned}
M(\boldsymbol{t}_k) &= E\left(e^{\boldsymbol{t}_k' \boldsymbol{X}_k}\right) \\
&= \sum_{n_1+\cdots+n_k=n} e^{\sum_{i=1}^k t_i n_i} \Pr(\boldsymbol{X}_k = \boldsymbol{x}_k) = \{p(\boldsymbol{t}_k)\}^n
\end{aligned}
$$

と表される．ここで，

$$
p(\boldsymbol{t}_k) = p_1 e^{t_1} + \cdots + p_k e^{t_k} \qquad \left(\sum_{i=1}^k p_i = 1\right)
$$

である．X_i の平均は

$$
E(X_i) = \left.\frac{\partial M(\boldsymbol{t}_k)}{\partial t_i}\right|_{\boldsymbol{t}_k=\boldsymbol{0}}
$$

$$= np_i e^{t_i}\{p(\boldsymbol{t}_k)\}^{n-1}\bigg|_{\boldsymbol{t}_k=\boldsymbol{0}} = np_i \quad (i=1,\ldots,k)$$

と得られる．X_i の 2 次モーメントは

$$E(X_i^2) = \frac{\partial^2 M(\boldsymbol{t}_k)}{\partial t_i^2}\bigg|_{\boldsymbol{t}_k=\boldsymbol{0}} = np_i\{1+(n-1)p_i\} \quad (i=1,\ldots,k)$$

と得られるので，X_i $(i=1,\ldots,k)$ の分散は $\mathrm{Var}(X_i) = np_i(1-p_i)$ となる．また，X_i と X_j の間の 1 次積モーメントは

$$E(X_iX_j) = \frac{\partial^2 M(\boldsymbol{t}_k)}{\partial t_i \partial t_j}\bigg|_{\boldsymbol{t}_k=\boldsymbol{0}} = n(n-1)p_ip_j \quad (1 \le i < j \le k)$$

である．よって，X_i と X_j の間の共分散は

$$\begin{aligned}\mathrm{Cov}(X_i, X_j) &= E(X_iX_j) - E(X_i)E(X_j) \\ &= -np_ip_j \quad (1 \le i < j \le k)\end{aligned}$$

となり，X_i と X_j の間の相関係数について

$$\mathrm{Corr}(X_i, X_j) = -\sqrt{\frac{p_ip_j}{(1-p_i)(1-p_j)}} \quad (1 \le i < j \le k)$$

が言える．

2 順位相関係数

第 1 章で導入された Pearson の相関係数は外れ値に大きく影響される．一方で，順位（小さい順もしくは大きい順に並べたときの番号）に基づく相関係数は「順位相関係数」と呼ばれ，外れ値の影響を受けにくい．本章では，データから計算される Spearman（スピアマン）と Kendall（ケンドル）の相関係数の定義と性質について述べ，その後にモデルの下でそれらの相関係数を扱う．Pearson の相関係数と Spearman の相関係数の中間に位置する Gini（ジニ）相関係数についても簡単に触れる[1)]．

[1)] 本書では触れない接合関数 (copula) の観点における順位相関の取扱いについては，McNeil *et al.* (2005) [49]（塚原ほか訳 (2008) [14]）に記述がある．

2.1 データに関する Spearman と Kendall の相関係数

大きさ n の組標本 $(x_i, y_i)'$ $(i = 1, \ldots, n;\ n \geq 2)$ の x 標本の順序統計量 $x_{(1)} < x_{(2)} < \cdots < x_{(n)}$ に対応する y 標本の順位を R_{yi} とおく．たとえば,

$$\begin{pmatrix} -0.60 \\ 0.02 \end{pmatrix}, \begin{pmatrix} 0.50 \\ 0.36 \end{pmatrix}, \begin{pmatrix} -0.22 \\ 0.67 \end{pmatrix}, \begin{pmatrix} 0.29 \\ 1.43 \end{pmatrix}, \begin{pmatrix} 0.25 \\ 1.71 \end{pmatrix}$$

の場合，つぎのように，x に関して小さい順に並べた後，順位データにする．

$$\begin{pmatrix} -0.60 \\ 0.02 \end{pmatrix}, \begin{pmatrix} -0.22 \\ 0.67 \end{pmatrix}, \begin{pmatrix} 0.25 \\ 1.71 \end{pmatrix}, \begin{pmatrix} 0.29 \\ 1.43 \end{pmatrix}, \begin{pmatrix} 0.50 \\ 0.36 \end{pmatrix}$$

$$\Rightarrow \quad \begin{pmatrix} 1 \\ 1 \end{pmatrix}, \begin{pmatrix} 2 \\ 3 \end{pmatrix}, \begin{pmatrix} 3 \\ 5 \end{pmatrix}, \begin{pmatrix} 4 \\ 4 \end{pmatrix}, \begin{pmatrix} 5 \\ 2 \end{pmatrix}$$

もちろん，データの順序統計量を求める必要もなく，はじめから順

位のデータ $(i, R_{yi})'$ $(i = 1, \ldots, n)$ が与えられているとしてもよい．

2.1.1　Spearman の相関係数

Spearman の相関係数 (Spearman's ρ) は順位のデータ $(i, R_{yi})'$ $(i = 1, \ldots, n)$ についての Pearson の相関係数

$$\hat{\rho}_S = \frac{\frac{1}{n}\sum_{i=1}^{n} R_{yi}\left\{i - \frac{1}{2}(n+1)\right\}}{\frac{1}{12}(n^2-1)} = \frac{\sum_{i=1}^{n} iR_{yi} - \frac{1}{4}n(n+1)^2}{\frac{1}{12}n(n^2-1)}$$

として与えられる．その計算のためには，データ $1, 2, 3, \ldots, n$ の平均が

$$\frac{1}{n}(1+2+3+\cdots+n) = \frac{1}{n} \times \frac{1}{2}n(n+1) = \frac{1}{2}(n+1)$$

で，分散が

$$\begin{aligned}
&\frac{1}{n}\sum_{i=1}^{n}\left\{i - \frac{1}{2}(n+1)\right\}^2 = \frac{1}{n}\left\{\sum_{i=1}^{n} i^2 - \frac{n}{4}(n+1)^2\right\} \\
=&\frac{1}{n}\left\{\frac{1}{6}n(n+1)(2n+1) - \frac{n}{4}(n+1)^2\right\} \\
=&\frac{1}{12}(n^2-1)
\end{aligned}$$

であることを使っている．Spearman の相関係数は順位に基づく相関係数なので，データの単調性を見るのによい尺度と考えられる．
$\hat{\rho}_S$ は，

$$\sum_{i=1}^{n} iR_{yi} = \frac{1}{6}n(n+1)(2n+1) - \frac{1}{2}\sum_{i=1}^{n}(i - R_{yi})^2$$

と書けることから，順位の差 $i - R_{yi}$ を使って

$$\hat{\rho}_S = 1 - \frac{6\sum_{i=1}^{n}(i - R_{yi})^2}{n(n^2-1)}$$

とも表現できる．

2.1.2　Kendall の相関係数

大きさ n の組標本 $(x_i, y_i)'$ $(i = 1, \ldots, n;\ n \geq 2)$ の **Kendall の相関係数** (Kendall's τ) は

$$\hat{\tau} = \frac{2}{n(n-1)}\sum_{i<j}\mathrm{sgn}\{(x_i - x_j)(y_i - y_j)\}$$

で与えられる．データから直接的に上の定義式の値を求めてもよいが，Spearman の相関係数のときと同じように順位のデータ $(i, R_{yi})'$ $(i = 1, \ldots, n)$ が得られている場合は，つぎのように Kendall の相関係数を計算することができる．x 標本について順位はあらかじめ $i = 1, 2, 3, \ldots, n$ となるように並べられているから $i < j$ に対し $i - j < 0$ となる．対応する y 標本の順位は $R_{y1}, R_{y2}, \ldots, R_{yn}$ となっているから，$i < j$ に対し $R_{yi} < R_{yj}$ を満たす個数を c，反対の不等式 $R_{yi} > R_{yj}$ を満たす個数を d とすれば，

$$\hat{\tau} = \frac{c - d}{n(n-1)/2} = \frac{c - n(n-1)/4}{n(n-1)/4}$$

と計算できる．

2.1.3 その他の関連性尺度，相関係数間の比較

Spearman の相関係数，Kendall の相関係数のほかにも Hoeffding（ヘフディング）の関連性尺度 (Hoeffding's D)，Goodman–Kruskal や Blomqvist らによる関連性の尺度が提案されていて，独立性の検定のための統計量として使用されている．独立性の検定に興味のある読者は，たとえば渋谷 (2005) [9] を見られたい．また，bioinformatics の分野における相関係数の使用については de Siqueira Santos *et al.* (2014) [28] がある．

例: 2 変量正規分布 $N_2(3, 2, 2^2, 1^2, 0.5)$ から乱数 50 組を生成して，Pearson の相関係数，Spearman's ρ，Kendall's τ，Hoeffding's D を求めたところ，それぞれ，約 0.541，0.499，0.339，0.053 の値を得た．散布図は図 2.1 に与えられている．R では Pearson, Spearman, Kendall の相関係数は cor 関数の method を，それぞれ，"pearson"，"spearman"，"kendall" とすることにより計算できる．また，Hoeffding's D はパッケージ Hmisc をダウンロードし hoeffd 関数を利用することで計算できる．なお，Mathematica では，それぞれにつき，Correlation，SpearmanRho，KendallTau，HoeffdingD のコマンドを利用できる．

第 1 章図 1.3 において平方根変換と対数変換を行った例をあげたが，これらは単調増加関数による変換だから変換を行う前と後で

Spearman の相関係数と Kendall の相関係数に変化はない．Pearson の相関係数は，変換前約 0.772，平方根変換後約 0.843，対数変換後約 0.849 であったが，Spearman の相関係数は変換前も後も約 0.855 で，Kendall の相関係数は約 0.661 であった．

図 **2.1** 2 変量正規分布 $N_2(3, 2, 2^2, 1^2, 0.5)$ からの乱数（50 組）による Pearson の相関係数，Spearman's ρ，Kendal's τ，Hoeffding's D（順番に $r_{xy}, \hat{\rho}, \hat{\tau}, D$）の比較：$r_{xy} \approx 0.541, \hat{\rho} \approx 0.499, \hat{\tau} \approx 0.339, D \approx 0.053$.

2.2 2変量正規分布における Spearman と Kendall の相関係数

2.2.1 象限確率

確率ベクトル $(X, Y)'$ が $N_2(0, 0, 1, 1, \rho)$ に従うとき，Spearman の相関係数と Kendall の相関係数を求めるために，まず (第 1) **象限確率** (orthant probability) を計算しておく．象限確率は，ρ を使って

$$\Pr(X \geq 0, Y \geq 0) = \frac{1}{4} + \frac{1}{2\pi} \sin^{-1} \rho$$

と書ける．なお，第 3 象限確率 $\Pr(X \leq 0, Y \leq 0)$ は第 1 象限確率に等しい．また，第 2 と第 4 象限確率は

$$\Pr(X \leq 0, Y \geq 0) = \Pr(X \geq 0, Y \leq 0) = \frac{1}{4} - \frac{1}{2\pi} \sin^{-1} \rho$$

となる[2]．$(X, Y)'$ が $N_2(0, 0, \sigma_1^2, \sigma_2^2, \rho)$ に従うとしても結果が同じ

[2] 確率ベクトル $(X_1, X_2, X_3)'$ が 3 変量正規分布に従い，$E(X_j) = 0$, $\mathrm{Var}(X_j) = 1$ $(j = 1, 2, 3)$, X_j と X_k $(1 \leq j < k \leq 3)$ の間の相関係数を ρ_{jk} とするときには，(第 1) 象限確率は

$$\Pr(X_1 \geq 0, X_2 \geq 0, X_3 \geq 0) = \frac{1}{8} + \frac{1}{4\pi} (\sin^{-1} \rho_{12} + \sin^{-1} \rho_{13} + \sin^{-1} \rho_{23})$$

で与えられる．

であることは象限確率の定義から明らかであろう.

象限確率が上式で与えられることの証明を以下に与えておくが，読み飛ばしても差支えはない．まず，象限確率は積分

$$\int_0^\infty \int_0^\infty \frac{1}{2\pi\sqrt{1-\rho^2}} \exp\left\{-\frac{x^2-2\rho xy+y^2}{2(1-\rho^2)}\right\} dxdy$$

で表される．この積分の計算のために，相関行列

$$R = \begin{pmatrix} 1 & \rho \\ \rho & 1 \end{pmatrix} \quad \left[R^{-1} = \frac{1}{1-\rho^2} \begin{pmatrix} 1 & -\rho \\ -\rho & 1 \end{pmatrix} \right]$$

に対し，被積分関数の指数部において,

$$\begin{aligned} \frac{1}{1-\rho^2}(x^2-2\rho xy+y^2) &= (x\ y)R^{-1}\begin{pmatrix} x \\ y \end{pmatrix} \\ &= (u\ v)\begin{pmatrix} u \\ v \end{pmatrix} = u^2+v^2 \end{aligned}$$

となるように (x, y) を (u, v) に変数変換する（図 2.2 参照).

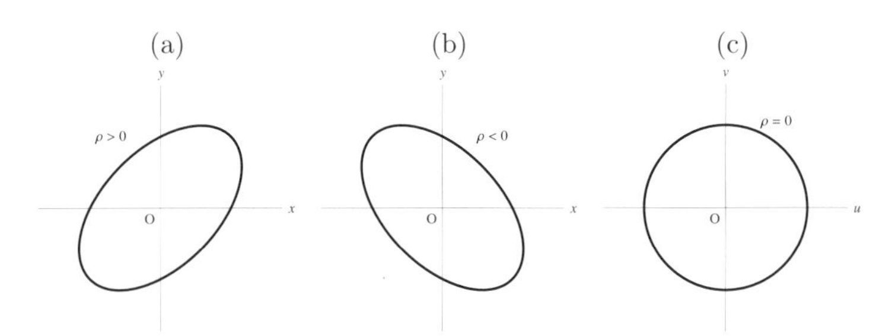

図 2.2 楕円 $x^2-2\rho xy+y^2=1-\rho^2$ を円 $u^2+v^2=1$ へ変換：
$x=\sqrt{\frac{1+\rho}{2}}\,u-\sqrt{\frac{1-\rho}{2}}\,v,\ y=\sqrt{\frac{1+\rho}{2}}\,u+\sqrt{\frac{1-\rho}{2}}\,v$
(a) 楕円 $\rho>0$, (b) 楕円 $\rho<0$, (c) 円 $\rho=0$.

これには,

$$A = \begin{pmatrix} \sqrt{\frac{1+\rho}{2}} & -\sqrt{\frac{1-\rho}{2}} \\ \sqrt{\frac{1+\rho}{2}} & \sqrt{\frac{1-\rho}{2}} \end{pmatrix}$$

$$\left[A^{-1} = \frac{1}{\sqrt{1-\rho^2}} \begin{pmatrix} \sqrt{\frac{1-\rho}{2}} & \sqrt{\frac{1-\rho}{2}} \\ -\sqrt{\frac{1+\rho}{2}} & \sqrt{\frac{1+\rho}{2}} \end{pmatrix} \right]$$

とおくと，相関行列は $R = AA'$，すなわち $R^{-1} = (A')^{-1}A^{-1}$ であるので，

$$\begin{pmatrix} u \\ v \end{pmatrix} = A^{-1}\begin{pmatrix} x \\ y \end{pmatrix} = \frac{1}{\sqrt{1-\rho^2}}\begin{pmatrix} \sqrt{\frac{1-\rho}{2}}\,x + \sqrt{\frac{1-\rho}{2}}\,y \\ -\sqrt{\frac{1+\rho}{2}}\,x + \sqrt{\frac{1+\rho}{2}}\,y \end{pmatrix}$$

すなわち，

$$\begin{pmatrix} x \\ y \end{pmatrix} = A\begin{pmatrix} u \\ v \end{pmatrix}$$

とすればよい．そうすると，上の積分は，行列 A の行列式が $|A| = \sqrt{1-\rho^2}$ だから，

$$\Pr(X \geq 0, Y \geq 0) = \int_0^\infty \int_{-\sqrt{\frac{1+\rho}{1-\rho}}\,u}^{\sqrt{\frac{1+\rho}{1-\rho}}\,u} \frac{1}{2\pi}\, e^{-(u^2+v^2)/2} du dv$$

となる．

この積分の値を求めるには，一つには極座標変換 $u = r\cos t$, $v = r\sin t$ $(r \geq 0, -\pi \leq t < \pi)$ を行うと，与式が

$$\frac{1}{\pi}\int_0^\infty re^{-r^2/2}dr \int_0^{\tan^{-1}\sqrt{\frac{1+\rho}{1-\rho}}} dt = \frac{1}{\pi}\tan^{-1}\sqrt{\frac{1+\rho}{1-\rho}}\ (\equiv q)$$

となることを用いて，$-\rho = \cos(2\pi q) = -\sin(2\pi q - \pi/2)$ から

$$q = \frac{1}{4} + \frac{1}{2\pi}\ \sin^{-1}\rho$$

を得る．もう一つは，直線 $v = -\sqrt{(1+\rho)/(1-\rho)}\,u$ と $v = \sqrt{(1+\rho)/(1-\rho)}\,u$ の間のなす角を ω とおくとき，被積分関数の等高線が原点を中心とする円であることに着目すると，象限確率は

$$\Pr(X \geq 0, Y \geq 0) = \frac{\omega}{2\pi}$$

となることが分かる（図 2.3 参照）．余弦定理から

$$\left(2\sqrt{\frac{1+\rho}{2}}\right)^2 = 1^2 + 1^2 - 2 \times 1 \times 1\cos\omega,$$

よって $\cos\omega = -\rho$ となるので，$-\cos\omega = \sin(\omega - \pi/2) = \rho$ より $\omega = \pi/2 + \sin^{-1}\rho$ となり，求めたい結果を得る．

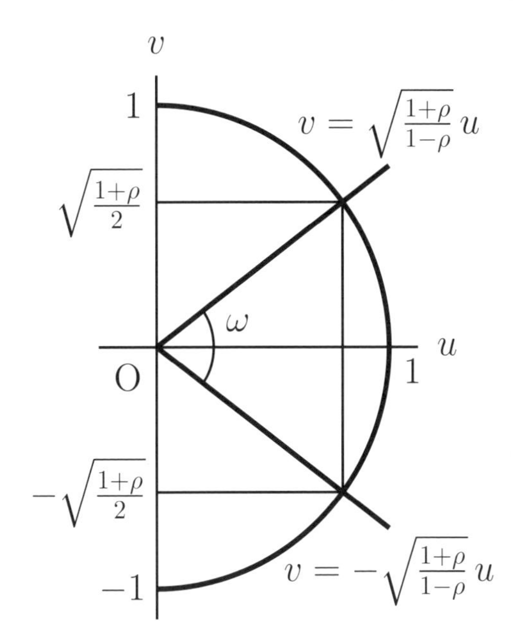

図 2.3　象限確率の計算法：$\Pr(X \geq 0, Y \geq 0) = \omega/(2\pi)$.

参考：楕円形分布における象限確率

確率ベクトル $\boldsymbol{Z} = (X, Y)'$ が，2 変量**楕円形分布** (elliptical distribution) のつぎの結合確率密度関数

$$f(\boldsymbol{z}) = |\Sigma|^{-1/2}\psi(\boldsymbol{z}'\Sigma^{-1}\boldsymbol{z}), \quad \Sigma = c\begin{pmatrix} 1 & \rho \\ \rho & 1 \end{pmatrix},\ c > 0$$

を持つ場合を考える．ここで，$\psi(\cdot)$ は区間 $[0, \infty)$ 上の適当な関数を表す．$f(\boldsymbol{z})$ は結合確率密度関数を表すので，ψ は

$$\begin{aligned}&\int_{-\infty}^{\infty}\int_{-\infty}^{\infty} f(\boldsymbol{z})dxdy \\ &= \int_{-\infty}^{\infty}\int_{-\infty}^{\infty} \frac{1}{\sqrt{c^2(1-\rho^2)}}\,\psi\left(\frac{x^2 - 2\rho xy + y^2}{c(1-\rho^2)}\right)dxdy = 1\end{aligned}$$

を満たさねばならない．$f(\boldsymbol{z})$ は 2 変量正規分布 $N_2(0, 0, 1, 1, \rho)$ における結合確率密度関数の場合を含んでいる．実際，$\psi(\cdot)$ を

$$\psi(z) = \frac{c}{2\pi}\exp(-cz/2)$$

と取れば，$N_2(0, 0, 1, 1, \rho)$ の場合に帰着する．上の 2 変量楕円形分布

に対して，象限確率は ψ の形によらず 2 変量正規分布 $N_2(0,0,1,1,\rho)$ の場合と同じ値になる．その事実の直接的な評価による証明 (Kedem, 1994 [42]) を以下に紹介する[3]．

極座標変換 $z_1 = \xi\cos\theta,\ z_2 = \xi\sin\theta\ (\xi > 0,\ 0 \le \theta < 2\pi)$ を用いると，象限確率は

$$
\begin{aligned}
&\Pr(X \ge 0, Y \ge 0)\\
&= \int_0^\infty \int_0^\infty \frac{1}{\sqrt{c^2(1-\rho^2)}}\,\psi\left(\frac{z_1^2 - 2\rho z_1 z_2 + z_2^2}{c(1-\rho^2)}\right) dz_1 dz_2\\
&= \int_0^{\pi/2} \int_0^\infty \frac{1}{\sqrt{c^2(1-\rho^2)}}\,\psi\left(\frac{\xi^2\{1-\rho\sin(2\theta)\}}{c(1-\rho^2)}\right) \xi d\xi d\theta
\end{aligned}
$$

と書ける．ξ から u への変換を

$$
u = \frac{\xi^2\{1-\rho\sin(2\theta)\}}{c(1-\rho^2)}
$$

のように施すと，与式は，積分公式

$$
\begin{aligned}
&\int \frac{1}{a + b\sin z}\,dz\\
&= \frac{2}{\sqrt{a^2-b^2}}\,\tan^{-1}\left\{\frac{a\tan(z/2)+b}{\sqrt{a^2-b^2}}\right\} \quad (a^2 > b^2)
\end{aligned}
$$

により，

$$
\begin{aligned}
&\int_0^{\pi/2} \frac{\sqrt{1-\rho^2}}{2\{1-\rho\sin(2\theta)\}}\,d\theta \int_0^\infty \psi(u)du\\
&= \left(\frac{\pi}{4} + \frac{1}{2}\,\sin^{-1}\rho\right) \int_0^\infty \psi(u)du
\end{aligned}
$$

となる．最終式の右辺の積分は，$\int_{-\infty}^\infty \int_{-\infty}^\infty f(\boldsymbol{z})dxdy = 1$ の式において先のと同じ変換を施して

$$
\int_0^{2\pi} \frac{\sqrt{1-\rho^2}}{2\{1-\rho\sin(2\theta)\}}\,d\theta \times \int_0^\infty \psi(u)du = 1
$$

であるが，

$$
\begin{aligned}
&\int_0^{2\pi} \frac{\sqrt{1-\rho^2}}{2\{1-\rho\sin(2\theta)\}}\,d\theta = \int_0^{\pi} \frac{\sqrt{1-\rho^2}}{1-\rho\sin(2\theta)}\,d\theta\\
&= \int_0^{\pi/2} \frac{\sqrt{1-\rho^2}}{1-\rho\sin(2\theta)}\,d\theta + \int_0^{\pi/2} \frac{\sqrt{1-\rho^2}}{1+\rho\sin(2\theta)}\,d\theta
\end{aligned}
$$

[3] 楕円形分布族の理論に基づく証明に関心のある読者は，たとえば Fang *et al.* (1990) [30] の第 2.7 節を参照のこと．

$$= 2\left(\frac{\pi}{4} + \frac{1}{2}\sin^{-1}\rho + \frac{\pi}{4} - \frac{1}{2}\sin^{-1}\rho\right)$$
$$= \pi$$

となるので，$\int_0^\infty \psi(u)du = 1/\pi$ を得る．よって，

$$\begin{aligned}\Pr(X \geq 0, Y \geq 0) &= \left(\frac{\pi}{4} + \frac{1}{2}\sin^{-1}\rho\right)\int_0^\infty \psi(u)du \\ &= \frac{1}{4} + \frac{1}{2\pi}\sin^{-1}\rho\end{aligned}$$

となった．なお，式

$$\int_0^{2\pi} \frac{\sqrt{1-\rho^2}}{2\pi\{1-\rho\sin(2\theta)\}}\,d\theta = 1$$

の被積分関数は第6章と第7章において扱われる方向統計学の分野において円周 $[0, 2\pi)$ 上の確率密度関数[4] とみなすことができる．

[4] この確率密度関数を持つ分布は Rao (1973, p. 178) [58] に現れている．なお，この書籍の和訳は奥野ほか訳 (1977) [1] として出版されている（対応する箇所は第3a.7節，p. 165）．

2.2.2 Spearman の相関係数

2変量正規分布 $N_2(\mu_1, \mu_2, \sigma_1^2, \sigma_2^2, \rho)$ に従う確率ベクトル $(X, Y)'$ に対して，Spearman の相関係数は

$$\rho_S(X, Y) = \frac{6}{\pi}\sin^{-1}\left(\frac{\rho}{2}\right)$$

となる．

この事実の説明のために，連続型確率ベクトル $(X, Y)'$ に対し，周辺の分布関数を $F(t) = \Pr(X \leq t)$ と $G(t) = \Pr(Y \leq t)$ とする．Spearman の母相関係数は $\mathrm{Corr}(F(X), G(Y))$ $(\in [-1, 1])$ で定義される．$F(X)$ は区間 $(0, 1)$ 上の一様分布に従う[5] から

$$E[F(X)] = \frac{1}{2}, \quad \mathrm{Var}[F(X)] = \frac{1}{12}$$

となり，$G(Y)$ についても同様なので，

$$\mathrm{Corr}(F(X), G(Y)) = 12E[F(X)G(Y)] - 3$$

となる．X と Y が独立であれば明らかに $\mathrm{Corr}(F(X), G(Y)) = 0$ となるが，逆は一般には成立しない．標本 Spearman 相関係数は母 Spearman 相関係数の分布によらない不偏推定値である．

2変量正規分布のとき，相関係数 $\mathrm{Corr}(F(X), G(Y))$ の計算のた

[5] $F(X)$ の分布関数は

$$\begin{aligned}&\Pr(F(X) \leq t) \\ &= \Pr(X \leq F^{-1}(t)) \\ &= F(F^{-1}(t)) \\ &= t \ (0 < t < 1)\end{aligned}$$

と，一様分布の分布関数となる．

めには一般性を失うことなく $(X,Y)'$ を $N(0,0,1,1,\rho)$ に従うとしてよく，$(X,Y)'$ と独立に標準正規分布 $N(0,1)$ に従う独立な確率変数 U と V を取ると，$\Phi(\cdot)$ を標準正規分布関数として，

$$\begin{aligned}E[\Phi(X)\Phi(Y)] &= E[I(U \leq X)I(V \leq Y)] \\ &= \Pr(X-U \geq 0, Y-V \geq 0)\end{aligned}$$

となる．ここで，$I(\cdot)$ は**指示関数** (indicator function) $I(A)=1$（A が真のとき），$I(A)=0$（A が偽のとき）を表す．$(X-U,Y-V)'$ は 2 変量正規分布 $N(0,0,2,2,\rho/2)$ に従うから，2 変量正規分布の象限確率より

$$E[\Phi(X)\Phi(Y)] = \frac{1}{4} + \frac{1}{2\pi}\sin^{-1}\left(\frac{\rho}{2}\right)$$

となる．よって，

$$\begin{aligned}\rho_S(X,Y) &= \mathrm{Corr}[\Phi(X),\Phi(Y)] = 12E[\Phi(X)\Phi(Y)]-3 \\ &= \frac{6}{\pi}\sin^{-1}\left(\frac{\rho}{2}\right)\end{aligned}$$

を得る．

標本 Spearman 相関係数 $\hat{\rho}_S$ は母 Spearman 相関係数 $\rho_S(X,Y)$ の不偏推定値である．2 変量正規分布 $N_2(\mu_1,\mu_2,\sigma_1^2,\sigma_2^2,\ \rho)$ の下では，$\hat{\rho}_S$ は ρ よりもむしろ $(6/\pi)\sin^{-1}(\rho/2)$ を推定している．$\hat{\rho}_S$ を使って ρ を推定するには，不偏ではないが，$2\sin(\pi\hat{\rho}_S/6)$ を使うことができる．

2.2.3 Kendall の相関係数

Kendall の母相関係数は，つぎのように定義される．確率ベクトル $(X,Y)'$ の二つの独立なコピー $(X_1,Y_1)'$ と $(X_2,Y_2)'$ に対して，**一致もしくは協和確率** (probability of concordance) を $\pi_c = \Pr((X_1 - X_2)(Y_1-Y_2)>0)$，**不一致もしくは不協和確率** (probability of discordance) を $\pi_d = \Pr((X_1-X_2)(Y_1-Y_2)<0)$ とおく．Kendall の母相関係数は $\tau(X,Y)=\pi_c-\pi_d = E[\mathrm{sgn}\{(\mathrm{X}_1-\mathrm{X}_2)(\mathrm{Y}_1-\mathrm{Y}_2)\}]$ で定義される (明らかに $-1 \leq \tau(X,Y) \leq 1$)．X と Y が独立であれば $\tau(X,Y)=0$ であるが，逆は一般には成立しない．標本 Kendall 相関係数は母 Kendall 相関係数の分布によらない不偏推定値である．

2 変量正規分布 $N_2(\mu_1,\mu_2,\sigma_1^2,\sigma_2^2,\rho)$ に従う確率ベクトル $(X,Y)'$

に対して，Kendall の相関係数は

$$\tau(X,Y)=\frac{2}{\pi}\sin^{-1}\rho$$

となる．理由はつぎの通り．2 変量正規分布 $N_2(0,0,1,1,\rho)$ に従う確率ベクトル $(X_1,Y_1)'$ とその独立なコピー $(X_2,Y_2)'$ に対して，確率ベクトル $(X_1-X_2,Y_1-Y_2)'$ の分布は 2 変量正規分布 $N_2(0,0,2,2,\rho)$ となるので，一致（協和）確率と不一致（不協和）確率は，象限確率から，

$$\begin{cases}\pi_c=\Pr((X_1-X_2)(Y_1-Y_2)>0)=\dfrac{1}{2}+\dfrac{1}{\pi}\sin^{-1}\rho\\ \pi_d=\Pr((X_1-X_2)(Y_1-Y_2)<0)=\dfrac{1}{2}-\dfrac{1}{\pi}\sin^{-1}\rho\end{cases}$$

と得られる．よって，

$$\tau(X,Y)=\pi_c-\pi_d=\frac{2}{\pi}\sin^{-1}\rho$$

となる．したがって，$N_2(\mu_1,\mu_2,\sigma_1^2,\sigma_2^2,\rho)$ の下で，データに基づく Kendall の相関係数 $\hat{\tau}$ は $\tau(X,Y)=(2/\pi)\sin^{-1}\rho$ を不偏に推定している．$\hat{\tau}$ を使って ρ を推定するには，不偏ではないが，$\sin(\pi\hat{\tau}/2)$ を使うことができる．

2.2.4　相関係数間の比較

比較のために，2 変量正規分布の場合の相関係数 $\mathrm{Corr}(X,Y)=\rho$，Spearman の相関係数 $\rho_S(X,Y)$，Kendall の相関係数 $\tau(X,Y)$ を図示してみると，図 2.4 のようになる．逆正弦関数の Maclaurin 展開式

$$\sin^{-1}z=z+\frac{1}{6}z^3+\frac{3}{40}z^5+\cdots\quad(|z|<1)$$

から，Spearman の相関係数 $\rho_S(X,Y)$ は

$$\rho_S(X,Y)=\frac{6}{\pi}\sin^{-1}\left(\frac{\rho}{2}\right)\approx\frac{3}{\pi}\rho\ (\approx\rho)$$

と近似される．この近似 $\rho_S(X,Y)\approx\rho$ はかなり正確である（図 2.4 参照）．また，Kendall の相関係数 $\tau(X,Y)$ は

$$\tau(X,Y)=\frac{2}{\pi}\sin^{-1}\rho\approx\frac{2}{\pi}\rho$$

のように近似され，$\tau(X,Y)\approx(2/3)\rho_S(X,Y)$ となる．

したがって，2 変量正規分布からのデータでは，Pearson の相関係数 r_{xy}，Spearman の相関係数 $\hat{\rho}_S$，Kendall の相関係数 $\hat{\tau}$ の間の関係は，近似的に

$$\hat{\rho}_S \approx \frac{3}{\pi} r_{xy} \ \left(r_{xy} \approx \frac{\pi}{3} \hat{\rho}_S \right), \quad \hat{\tau} \approx \frac{2}{\pi} r_{xy} \ \left(r_{xy} \approx \frac{\pi}{2} \hat{\tau} \right),$$

$$\hat{\rho}_S \approx \frac{3}{2} \hat{\tau} \left(\hat{\tau} \approx \frac{2}{3} \hat{\rho}_S \right)$$

となる．第 2.1 節のデータ例では，$r_{xy} \approx 0.541$,

$$\hat{\rho}_S \approx 0.499 \ \left(\frac{\pi}{3} \hat{\rho}_S \approx 0.523, \ \frac{3}{\pi} r_{xy} \approx 0.517, \ \frac{3}{2} \hat{\tau} \approx 0.508 \right),$$

$$\hat{\tau} \approx 0.339 \ \left(\frac{\pi}{2} \hat{\tau} \approx 0.532, \ \frac{2}{\pi} r_{xy} \approx 0.344, \ \frac{2}{3} \hat{\rho}_S \approx 0.333 \right)$$

であった．また,

$$2 \sin \left(\frac{\pi}{6} \hat{\rho}_S \right) \approx 0.517, \quad \sin \left(\frac{\pi}{2} \hat{\tau} \right) \approx 0.507$$

となった.

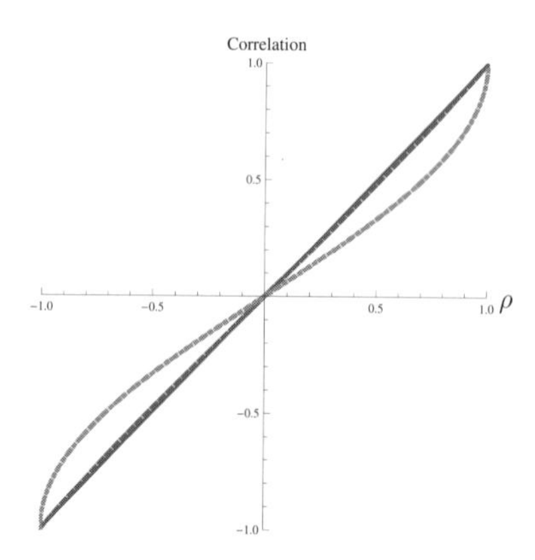

図 2.4 2 変量正規分布の場合の相関係数 $\mathrm{Corr}(X, Y) = \rho$（実線），Spearman の相関係数 $\rho_S(X, Y)$（破線），Kendall の相関係数 $\tau(X, Y)$（一点鎖線）の比較．ρ と $\rho_S(X, Y)$ のグラフはほぼ重なっている.

注意： Kendall の相関係数は大きさの順序が保存される確率変数変換に関して不変である．例として，$(X, Y)'$ を 2 変量正規分

布 $N_2(\mu_1,\mu_2,\sigma_1^2,\sigma_2^2,\rho)$ に従うとして X と Y を指数変換すると，$(S,T)'=(e^X,e^Y)'$ は 2 変量対数正規分布 $\Lambda_2(\mu_1,\mu_2,\sigma_1^2,\sigma_2^2,\rho)$ に従う．確率ベクトル $(S,T)'$ の相関係数は

$$\mathrm{Corr}(S,T)=\frac{e^{\rho\sigma_1\sigma_2}-1}{\sqrt{\left(e^{\sigma_1^2}-1\right)\left(e^{\sigma_2^2}-1\right)}}$$

となることを，第 1.4.1 項において先に示してある．

一方，2 変量対数正規分布の Kendall の相関係数は，2 変量正規分布のものと同じで，$\tau(S,T)=(2/\pi)\sin^{-1}\rho$ となる．なお，2 変量対数正規分布を拡張して，確率ベクトル $(S,T)'$ の従う分布（Δ_2 分布[6)]）を

$$\begin{aligned}
\Pr(S=0,T=0)&=\delta_0,\\
\Pr(0<S\le s,T=0)&=\delta_1F(s),\quad s>0,\\
\Pr(S=0,0<T\le t)&=\delta_2G(t),\quad t>0,\\
\Pr(0<S\le s,0<T\le t)&=\delta_3H(s,t),\quad s,t>0
\end{aligned}$$

としてみる．ここで，$0\le\delta_j<1\ (j=0,1,2)$, $\delta_3=1-\delta_0-\delta_1-\delta_2>0$ で，$F(s),G(t),H(s,t)$ はそれぞれパラメータ (μ_1^*,σ_1^{*2}) の対数正規分布関数，パラメータ (μ_2^*,σ_2^{*2}) の対数正規分布関数，パラメータ $(\mu_1,\mu_2,\sigma_1^2,\sigma_2^2,\rho)$ の 2 変量対数正規分布関数を表す．そのとき，Δ_2 分布の Kendall の相関係数は

$$\begin{aligned}
\tau(S,T)=2\Bigg[&\frac{1}{\pi}\delta_3^2\sin^{-1}\rho+(\delta_0\delta_3-\delta_1\delta_2)\\
&+\delta_1\delta_3\left\{2\Phi\left(\frac{\mu_1-\mu_1^*}{\sqrt{\sigma_1^2+\sigma_1^{*2}}}\right)-1\right\}\\
&+\delta_2\delta_3\left\{2\Phi\left(\frac{\mu_2-\mu_2^*}{\sqrt{\sigma_2^2+\sigma_2^{*2}}}\right)-1\right\}\Bigg]
\end{aligned}$$

となる．ここで，$\Phi(\cdot)$ は標準正規分布関数を表す．特に $\delta_0=\delta_1=\delta_2=0\ (\delta_3=1)$ のときには，Δ_2 分布の Kendall の相関係数は 2 変量対数正規分布の Kendall の相関係数に帰着することが分かる．

6) Δ_2 分布は，2 地点での降雨量 (S,T) を表現する確率分布モデルとして Shimizu (1993) [62] において導入された．2 地点の双方で無降雨 $(S=T=0)$ のとき，2 地点のうち片方でのみ降雨が観測される（$(S>0,T=0)$ もしくは $(S=0,T>0)$）とき，2 地点の双方で降雨有 $(S>0,T>0)$ のときが，対数正規分布を基礎にしてモデル化されている．

2.3 Gini 相関係数

相関係数 $\mathrm{Corr}(X,Y)$ と Spearman の相関係数の中間に位置する

相関係数として **Gini 相関係数** (Gini correlation coefficient) が定義されている．以下，Gini 相関係数と対称 Gini 相関係数について若干の解説を与える．詳細は Sang *et al.* (2016) [59] の論文を参照されたい．

以後，簡単のために，分布は連続型を仮定する．確率変数 X と Y の分布関数を，それぞれ，$F(x)$ と $G(y)$ とするとき，二種類の Gini 相関係数

$$\gamma(X,Y)=\frac{\mathrm{Cov}(X,G(Y))}{\mathrm{Cov}(X,F(X))},\quad \gamma(Y,X)=\frac{\mathrm{Cov}(Y,F(X))}{\mathrm{Cov}(Y,G(Y))}$$

が定義されている．これらは，$\mathrm{Corr}(X,Y)$ と Spearman の相関係数の中間に位置する形となっている．しかし，分子の共分散は X と Y に関して一般には対称でない．平均を取って $\{\gamma(X,Y)+\gamma(Y,X)\}/2$ を相関係数として採用するという考え方もあるが，とりわけ $\gamma(X,Y)$ と $\gamma(Y,X)$ の符号が異なるときの解釈に困難をきたす．

以上の理由から，対称 Gini 共分散からの対称 Gini 相関係数が，つぎのように定義された．2 次元確率ベクトル $\boldsymbol{Z}=(X,Y)'$ と 2 次元ベクトル $\boldsymbol{z}=(x,y)'$ に対し，$R_1(\boldsymbol{z})$ と $R_2(\boldsymbol{z})$ を

$$R_1(\boldsymbol{z})=\frac{E(x-X)}{\|\boldsymbol{z}-\boldsymbol{Z}\|},\quad R_2(\boldsymbol{z})=\frac{E(y-Y)}{\|\boldsymbol{z}-\boldsymbol{Z}\|}$$

とし，X と Y の間の対称 Gini 共分散 $\mathrm{Cov}_g(X,Y)$ を

$$\mathrm{Cov}_g(X,Y)=2E[XR_2(\boldsymbol{Z})]$$

で定義する．もしくは，$\mathrm{Cov}_g(Y,X)=2E[YR_1(\boldsymbol{Z})]$ と定義しても同じである．実際，$\boldsymbol{Z}_1=(X_1,Y_1)'$ と $\boldsymbol{Z}_2=(X_2,Y_2)'$ を $\boldsymbol{Z}$ の二つの独立なコピーとすると，

$$\begin{aligned}\mathrm{Cov}_g(X,Y)&=2E[XR_2(\boldsymbol{Z})]=2E\left[X_1E\left\{\frac{Y_1-Y_2}{\|\boldsymbol{Z}_1-\boldsymbol{Z}_2\|}\middle|\boldsymbol{Z}_1\right\}\right]\\&=2E\left[X_1\frac{Y_1-Y_2}{\|\boldsymbol{Z}_1-\boldsymbol{Z}_2\|}\right]=-2E\left[X_2\frac{Y_1-Y_2}{\|\boldsymbol{Z}_1-\boldsymbol{Z}_2\|}\right]\\&=E\left[\frac{(X_1-X_2)(Y_1-Y_2)}{\|\boldsymbol{Z}_1-\boldsymbol{Z}_2\|}\right]=\mathrm{Cov}_g(Y,X)\end{aligned}$$

となる．また，分散を

$$\mathrm{Var}_g(X) = \mathrm{Cov}_g(X,X) = 2E[XR_1(\boldsymbol{Z})] = E\left[\frac{(X_1 - X_2)^2}{\|\boldsymbol{Z}_1 - \boldsymbol{Z}_2\|}\right],$$

$$\mathrm{Var}_g(Y) = \mathrm{Cov}_g(Y,Y) = 2E[YR_2(\boldsymbol{Z})] = E\left[\frac{(Y_1 - Y_2)^2}{\|\boldsymbol{Z}_1 - \boldsymbol{Z}_2\|}\right]$$

で定義する．

以上の準備の下に，対称 Gini 相関係数は

$$\rho_g(X,Y) = \frac{\mathrm{Cov}_g(X,Y)}{\sqrt{\mathrm{Var}_g(X)\mathrm{Var}_g(Y)}}$$

によって定義される．対称 Gini 相関係数が持つ諸性質として，つぎがあげられる．

(1) $\rho_g(X,Y) = \rho_g(Y,X)$.

(2) $-1 \leq \rho_g(X,Y) \leq 1$.

(3) X と Y が独立であれば，$\rho_g(X,Y) = 0$.

(4) $Y = aX + b$ $(a \neq 0)$ のとき，$\rho_g(X,Y) = \mathrm{sgn}(a)$.

(5) 一般に，$a \neq c$ に対しては $\rho_g(aX, cY) \neq \rho_g(X,Y)$．特に，

$$\rho_g(aX, -aY) = \rho_g(-aX, aY) = -\rho_g(X,Y)$$

となる．

$\boldsymbol{Z}$ が確率密度関数

$$f(\boldsymbol{z}|\boldsymbol{\mu}, \Sigma) = |\Sigma|^{-1/2} g((\boldsymbol{z}-\boldsymbol{\mu})'\Sigma^{-1}(\boldsymbol{z}-\boldsymbol{\mu})), \quad \Sigma = \sigma^2 \begin{pmatrix} 1 & \rho \\ \rho & 1 \end{pmatrix}$$

を持つ楕円形分布族に従う場合，$\boldsymbol{Z}$ の対称 Gini 相関係数

$$\rho_g(X,Y) = \begin{cases} \rho, & \rho = 0, \pm 1 \\ \dfrac{1}{\rho} + \dfrac{\rho - 1}{\rho} \dfrac{\mathrm{EK}\left(\frac{2\rho}{\rho+1}\right)}{\mathrm{EE}\left(\frac{2\rho}{\rho+1}\right)}, & その他 \end{cases}$$

が与えられている (Sang *et al.*, 2016 [59])．ここで，

$$\mathrm{EK}(x) = \int_0^{\pi/2} \frac{1}{\sqrt{1 - x^2 \sin^2\theta}} d\theta,$$

$$\mathrm{EE}(x) = \int_0^{\pi/2} \sqrt{1 - x^2 \sin^2\theta}\, d\theta$$

を表す．$\rho_g(X,Y)$ は，データ $(x_i, y_i)'$ $(i = 1, \ldots, n)$ から，

$$\hat{\rho}_g = \frac{\Sigma \frac{(x_i - x_j)(y_i - y_j)}{\sqrt{(x_i - x_j)^2 + (y_i - y_j)^2}}}{\sqrt{\Sigma \frac{(x_i - x_j)^2}{\sqrt{(x_i - x_j)^2 + (y_i - y_j)^2}}} \sqrt{\Sigma \frac{(y_i - y_j)^2}{\sqrt{(x_i - x_j)^2 + (y_i - y_j)^2}}}}$$

と推定される． ここで，Σ は $\Sigma_{1 \le i < j \le n}$ を表す．

3 2変量正規分布における相関係数の推測

本章のほとんどは2変量正規分布 $N_2(\mu_1, \mu_2, \sigma_1^2, \sigma_2^2, \rho)$ において相関係数 ρ の推測（推定・検定）問題を扱う．より具体的には，完全データの場合に相関係数の点推定・区間推定・検定に係る事項をまとめる．Pearson の相関係数は，真（未知）の相関係数 ρ の最尤推定値であり，また，不偏性は持たないものの，漸近的には不偏となる．ρ の最小分散不偏推定量は別の複雑な式で与えられる．Pearson の相関係数の分布は，一般に非対称となるが，Fisher の z 変換により正規分布に近似される．その結果を使い，正規分布に基づいて ρ の区間推定・検定が可能となる[1]．

[1] その他として，2変量正規分布を含む楕円形分布において成立する結果も知られてはいるが，それについては軽く触れるにとどめる．2変量正規分布において，欠損データの場合の相関係数の推測問題は章をあらためて述べることにする．以下において証明なしに述べられる事柄について詳しい証明を知りたい場合や更なる発展に興味がある場合のために，つぎの参考文献をあげておく：Johnson *et al.* (1995) [38] の第32章，Stuart and Ord (1994) [65] の第16章，Stuart *et al.* (1999) [66] の第27章，和書では柴田 (1981) [7]．また，多変量解析の立場からの書籍として Anderson (2003) [20], Muirhead (1982) [53], Siotani *et al.* (1985) [63], Srivastava (2002) [64].

3.1 要項

3.1.1 記法

2変量正規分布 $N_2(\mu_1, \mu_2, \sigma_1^2, \sigma_2^2,\ \rho)$ からの大きさ n のランダム標本を

$$\begin{pmatrix} x_1 \\ y_1 \end{pmatrix}, \ldots, \begin{pmatrix} x_n \\ y_n \end{pmatrix} \quad (n > 2)$$

とし，x と y のそれぞれの標本の平均 $\overline{x}$ と $\overline{y}$，および分散 S_x^2 と S_y^2，(x, y) の間の共分散 S_{xy} は第1章の記法と同じとする．すなわち，

$$\overline{x} = \frac{1}{n}\sum_{i=1}^{n} x_i, \quad \overline{y} = \frac{1}{n}\sum_{i=1}^{n} y_i,$$

$$S_x^2 = \frac{1}{n}\sum_{i=1}^{n}(x_i - \overline{x})^2, \quad S_y^2 = \frac{1}{n}\sum_{i=1}^{n}(y_i - \overline{y})^2,$$

$$S_{xy} = \frac{1}{n}\sum_{i=1}^{n}(x_i - \overline{x})(y_i - \overline{y})$$

を表す．(x, y) の間の Pearson の相関係数も第 1 章と同じく

$$r = \frac{S_{xy}}{\sqrt{S_x^2 S_y^2}} = \frac{\sum_{i=1}^{n}(x_i - \overline{x})(y_i - \overline{y})}{\sqrt{\sum_{i=1}^{n}(x_i - \overline{x})^2 \sum_{i=1}^{n}(y_i - \overline{y})^2}}$$

を表すが，r_{xy} のように添え字をつけることをせず，簡単に r と書くことにする．

3.1.2 2変量正規分布における相関係数の推定と検定

詳しい説明は後回しにして，本項では，Pearson の相関係数が 2 変量正規分布 $N_2(\mu_1, \mu_2, \sigma_1^2, \sigma_2^2, \rho)$ の母相関係数 ρ の推定と検定において果たす役割について，いくつかの重要な結果をまとめておく．詳細は第 3.2 節で述べるので，必要に応じてそちらを参照されたい．

- Pearson の相関係数 r は母相関係数 ρ の**最尤推定値** (maximum likelihood estimate) である．
- Pearson の相関係数 r の確率密度関数は

$$f(r) = \frac{(1-\rho^2)^{(n-1)/2}(1-r^2)^{(n-4)/2}}{\sqrt{\pi}\,\Gamma((n-1)/2)\Gamma((n-2)/2)} \times \sum_{k=0}^{\infty}\Gamma^2\left(\frac{n+k-1}{2}\right)\frac{(2\rho r)^k}{k!} \quad (-1 < r < 1)$$

  で与えられる．特に $\rho = 0$ のときには，

$$f_0(r) = \frac{1}{B(1/2, (n-2)/2)}(1-r^2)^{(n-4)/2} \quad (-1 < r < 1)$$

  となる．ここで，$B(\cdot,\cdot)$ はベータ関数を表す．図 3.1 に，$n = 10, 50$，$\rho = -0.6(0.3)0.6$ のときの確率密度関数のグラフを示す．
- Pearson の相関係数 r は ρ の不偏推定量ではないが，漸近的 $(n \to \infty)$ に不偏である．ρ の**一様最小分散不偏推定量** (UMVUE: Uniformly Minimum Variance Unbiased Estimator) は

$$\hat{\rho} = r\,{}_2F_1\left(\frac{1}{2}, \frac{1}{2}; \frac{n}{2} - 1; 1 - r^2\right)$$

  で与えられる (Olkin and Pratt, 1958 [54])．すなわち，$\hat{\rho}$ は，す

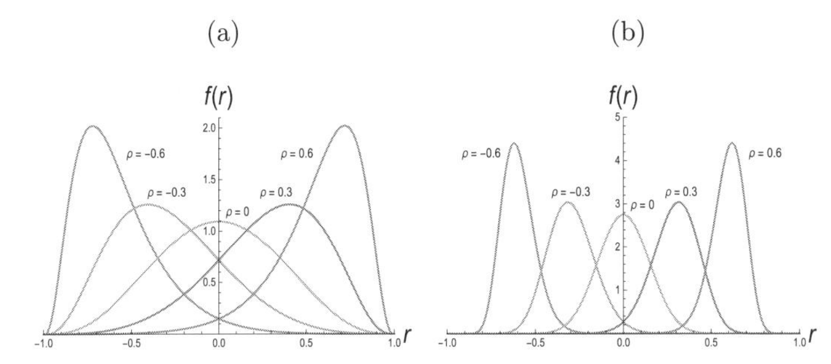

図 3.1 相関係数 r の確率密度関数 $f(r)$ のプロット $(\rho = -0.6(0.3)0.6)$: $f(r)$ は $\rho = 0$ のとき軸 $r = 0$ に関して対称である．$-\rho$ のときと ρ のときは軸 $r = 0$ に関して対称となる．(a) $n = 10$．$\rho \neq 0$ のときの $f(r)$ は著しく非対称である．(b) $n = 50$．分布は正規分布に近づいている．

べての ρ $(-1 < \rho < 1)$ について，$E(\hat{\rho}) = \rho$ と ρ の不偏推定量であり，不偏推定量の中で分散を最小にする．ここで，${}_2F_1$ は **Gauss の超幾何関数** (Gauss hypergeometric function)

$$
{}_2F_1(a, b; c; z) = \sum_{k=0}^{\infty} \frac{(a)_k (b)_k}{(c)_k} \frac{z^k}{k!}
$$

を表す．なお，$(a)_k$ は Pochhammer の記号である．

参考：**一般化された超幾何関数** (generalized hypergeometric function) ${}_pF_q$ は

$$
{}_pF_q(a_1, \ldots, a_p; b_1, \ldots, b_q; z) = \sum_{j=0}^{\infty} \frac{(a_1)_j \cdots (a_p)_j}{(b_1)_j \cdots (b_q)_j} \frac{z^j}{j!}
$$

で定義される．${}_pF_q$ は，$p < q + 1$ ならば $-\infty < z < \infty$ で絶対収束，$p = q + 1$ ならば $|z| < 1$ で絶対収束，$p > q + 1$ ならば有限級数以外はすべての $z \neq 0$ で発散する．

- Pearson の相関係数 r の**逆正弦関数** (inverse sine function) による変換の期待値は，

$$
E(\sin^{-1} r) = \sin^{-1} \rho
$$

と相関係数 ρ の逆正弦関数変換に等しい．期待値を取るときの r

の関数が期待値においても同じ形で現れている．

- $\rho=0$ のとき，$t=\sqrt{n-2}\,r/\sqrt{1-r^2}$ は自由度 $(n-2)$ の t **分布** (t-distribution) に従う．この事実により，帰無仮説 H_0： $\rho=0$（無相関）vs. 対立仮説 H_1： $\rho\neq 0$ の検定が可能である．すなわち，$|t|>t_{n-2}(\alpha/2)$ のとき帰無仮説 H_0 を棄却する．ここで，$t_{n-2}(\alpha/2)$ は自由度 $(n-2)$ の t 分布の上側 $100\times(\alpha/2)\%$ 確率点を表す．なお，自由度 ϕ の t 分布の確率密度関数は

$$f_\phi(t)=\frac{1}{\sqrt{\phi}\,B(1/2,\phi/2)}\left(1+\frac{t^2}{\phi}\right)^{-(\phi+1)/2}\qquad(-\infty<t<\infty)$$

で与えられる．

- Pearson の相関係数 r につき，**Fisher**（フィッシャー）**の z 変換** (Fisher's z transformation)，すなわち**逆双曲線正接関数** (inverse hyperbolic tangent function) 変換

$$z(r)=\tanh^{-1}r=\frac{1}{2}\log\frac{1+r}{1-r}\qquad\left(\tanh r=\frac{e^{2r}-1}{e^{2r}+1}\right)$$

により，$\sqrt{n-3}\,\{z(r)-z(\rho)\}$ の分布は n が大きいとき近似的に標準正規分布に従うことが知られている．この事実により，近似的に

$$\Pr\left(-z_{\alpha/2}\leq\sqrt{n-3}\,\{z(r)-z(\rho)\}\leq z_{\alpha/2}\right)\approx 1-\alpha$$

だから，Pr の中を ρ に関して解き返して，母相関係数 ρ の近似 $100(1-\alpha)\%$ 信頼区間

$$\tanh(z(r)-z_{\alpha/2}/\sqrt{n-3})\leq\rho\leq\tanh(z(r)+z_{\alpha/2}/\sqrt{n-3})$$

をつくれる．ここで，$z_{\alpha/2}$ は標準正規分布の上側 $100\times(\alpha/2)\%$ 点を表す．n が大きいとき，帰無仮説 H_0： $\rho=\rho_0$ の対立仮説 H_1： $\rho\neq\rho_0$ に対する検定は，$\sqrt{n-3}\,|z(r)-z(\rho_0)|>z_{\alpha/2}$ ならば H_0 を棄却する．

参考：データ $(x_i,y_i)'$ が得られているとき，乱数を用いてデータから復元抽出を行い，標本を生成することによって，相関係数の分布を近似することができる．このような方法は**ブートストラップ法** (bootstrap method) と呼ばれている[2]．

[2] ブートストラップ法の文献として，小西ほか (2008) [4] の第 I 部をあげておく．

1 例として，$N_2(0,0,1,1,0.6)$ から 10 個の乱数を生成して丸めた数

x	0.02	0.89	−1.18	0.42	−0.85
y	−1.55	0.88	−0.68	−0.44	−0.44
x	1.49	−1.57	0.72	1.08	0.10
y	1.81	0.23	0.66	0.00	0.76

を元データとしてみる．Pearson の相関係数は約 0.513 である．散布図は図 3.2(a) に示されている．そうして，10000 回のブートストラップ抽出を繰返し Pearson の相関係数 (Correlation.b) をヒストグラムに可視化すると，図 3.2(b) のようになった．下側の 2.5% 点と 97.5% の組は，おおよそ $(-0.012, 0.879)$ であった．この例のように，ブートストラップ法を用いることにより，複雑な計算を要することなく，相関係数の近似分布や信頼区間を求めることができる．この例では正規分布からの乱数データを元にしているので，ブートストラップ法による近似 95% 信頼区間は Fisher の z 変換に基づく近似 95% 信頼区間 $(-0.1172, 0.864)$ に近いし，分布は正規分布に基づく理論的な結果（図 3.1）に近い近似分布が得られている．

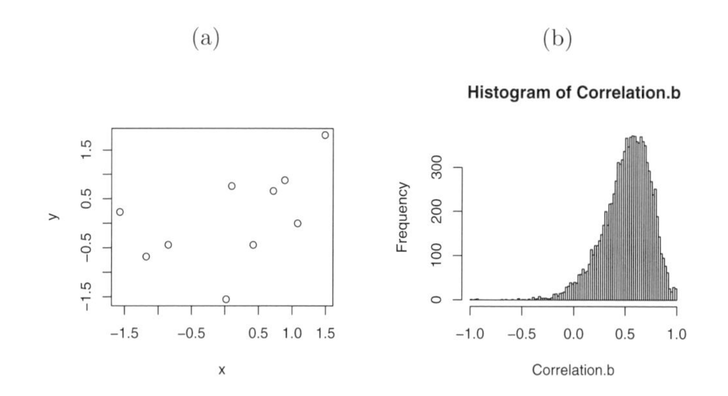

図 3.2 ブートストラップ法による相関係数の近似分布．(a) 元データの散布図，(b) 10000 回のブートストラップ抽出による Pearson の相関係数 (Correlation.b) の分布．

3.2 相関係数の推測：詳細

3.2.1 最尤推定

Pearson の相関係数 r は母相関係数 ρ の最尤推定値であることを示そう．ρ の最尤推定値は，**尤度関数** (likelihood function)

$$L(\mu_1, \mu_2, \sigma_1^2, \sigma_2^2, \rho) = \prod_{i=1}^{n} f(x_i, y_i)$$

もしくは対数尤度関数 $\log L(\mu_1, \mu_2, \sigma_1^2, \sigma_2^2, \rho)$ を $(\mu_1, \mu_2, \sigma_1^2, \sigma_2^2, \rho)$ に関して最大値を与える統計量（標本の関数）として与えられる．多くの場合，対数尤度関数をパラメータに関し微分して 0 とおいた（連立）方程式（**尤度方程式** likelihood equation) を解くという方法で最尤推定値を実際に得ることができる．しかし，この方法では最尤推定値であるための必要条件によって解を求めたのであり，尤度関数を最大にするための十分性が示されたわけではない．厳密に言えば，尤度方程式の解が確かに尤度関数の最大値を与えているという十分性を吟味しなければならない．

そのような例を，後で利用する結果なので，ここにおいて述べておくことにする．1 変量正規分布 $N(\mu, \sigma^2)$ からのランダム標本 $x_1, \ldots, x_n$ $(n \geq 2)$ に基づいてパラメータ (μ, σ^2) を最尤推定する問題である．尤度関数は定数を除いて

$$L(\mu, \sigma^2) = \frac{1}{(\sigma^2)^{n/2}} \exp\left\{-\frac{1}{2\sigma^2}\sum_{i=1}^{n}(x_i - \mu)^2\right\}$$

だから，尤度方程式は

$$\left\{\begin{array}{lcl} \dfrac{\partial}{\partial\mu}\log L & = & \dfrac{1}{\sigma^2}\displaystyle\sum_{i=1}^{n}(x_i - \mu) = 0 \\ \dfrac{\partial}{\partial\sigma^2}\log L & = & -\dfrac{1}{2\sigma^2}\left\{n - \dfrac{1}{\sigma^2}\displaystyle\sum_{i=1}^{n}(x_i - \mu)^2\right\} = 0 \end{array}\right.$$

となる．よって，μ の推定値として標本平均 $\hat{\mu} = \sum_{i=1}^{n} x_i/n = \overline{x}$, σ^2 の推定値として標本分散 $\hat{\sigma}^2 = \sum_{i=1}^{n}(x_i - \overline{x})^2/n = S_x^2$ を得る．$(\overline{x}, S_x^2)$ が確かに尤度を最大にすることを示すには，すべての

$\mu\ (-\infty < \mu < \infty)$ と $\sigma^2\ (\sigma > 0)$ に対して

$$L(\overline{x}, S_x^2) \geq L(\mu, \sigma^2)$$

が言えればよい．$\log L(\overline{x}, S_x^2) - \log L(\mu, \sigma^2)$ は

$$\begin{aligned} &-\frac{n}{2}\log S_x^2 - \frac{n}{2} + \frac{n}{2}\log\sigma^2 + \frac{n}{2\sigma^2}\left\{S_x^2 + (\overline{x}-\mu)^2\right\} \\ &= \frac{n}{2}\left\{\frac{S_x^2}{\sigma^2} - 1 - \log\left(\frac{S_x^2}{\sigma^2}\right)\right\} + \frac{n(\overline{x}-\mu)^2}{2\sigma^2} \end{aligned}$$

となるが，最終式の右辺第1項は関数 $g(x) = x - 1 - \log x\ (x > 0)$ につき $g(x) \geq 0$ となり非負，第2項は明らかに非負だから，$L(\overline{x}, S_x^2) \geq L(\mu, \sigma^2)$ が言えた．したがって，$(\overline{x}, S_x^2)$ は (μ, σ^2) の最尤推定値である．

母相関係数 ρ の最尤推定でも状況は似通っている．対数尤度関数 $\log L$ を $(\mu_1, \mu_2, \sigma_1^2, \sigma_2^2, \rho)$ の各パラメータに関して偏微分して0とおいた5元連立方程式を解いて得られる ρ の推定値はPearsonの相関係数 r であり，それは実際に ρ の最尤推定値となる．

まず，尤度方程式を解くことによって ρ の推定値として r が得られることを示そう．対数尤度関数

$$\begin{aligned} \log L =& -\frac{n}{2}\log\{(2\pi)^2\sigma_1^2\sigma_2^2(1-\rho^2)\} \\ &-\frac{1}{2(1-\rho^2)}\left\{\frac{1}{\sigma_1^2}\sum_{i=1}^{n}(x_i-\mu_1)^2 - \frac{2\rho}{\sigma_1\sigma_2}\sum_{i=1}^{n}(x_i-\mu_1)(y_i-\mu_2)\right. \\ &\left.+\frac{1}{\sigma_2^2}\sum_{i=1}^{n}(y_i-\mu_2)^2\right\} \end{aligned}$$

において，$\partial \log L/\partial\mu_1 = 0$ および $\partial \log L/\partial\mu_2 = 0$ から，

$$\frac{1}{\sigma_1}(\overline{x}-\mu_1) = \frac{\rho}{\sigma_2}(\overline{y}-\mu_2), \quad \frac{\rho}{\sigma_1}(\overline{x}-\mu_1) = \frac{1}{\sigma_2}(\overline{y}-\mu_2)$$

となり，$\hat{\mu}_1 = \overline{x}$ と $\hat{\mu}_2 = \overline{y}$ を得る．つぎに，$\partial \log L/\partial\sigma_1^2 = 0$ および $\partial \log L/\partial\sigma_2^2 = 0$ から，

$$\begin{cases} n(1-\rho^2) &= \dfrac{1}{\sigma_1^2}\displaystyle\sum_{i=1}^{n}(x_i-\mu_1)^2 \\ &\quad -\dfrac{\rho}{\sigma_1\sigma_2}\displaystyle\sum_{i=1}^{n}(x_i-\mu_1)(y_i-\mu_2) \\ n(1-\rho^2) &= -\dfrac{\rho}{\sigma_1\sigma_2}\displaystyle\sum_{i=1}^{n}(x_i-\mu_1)(y_i-\mu_2) \\ &\quad +\dfrac{1}{\sigma_2^2}\displaystyle\sum_{i=1}^{n}(y_i-\mu_2)^2 \end{cases}$$

となる．これらと $\partial \log L/\partial\rho = 0$ から得られる式

$$n\rho - \frac{\rho}{1-\rho^2}\left\{\frac{1}{\sigma_1^2}\sum_{i=1}^{n}(x_i-\mu_1)^2 - \frac{2\rho}{\sigma_1\sigma_2}\sum_{i=1}^{n}(x_i-\mu_1)(y_i-\mu_2)\right.$$
$$\left. +\frac{1}{\sigma_2^2}\sum_{i=1}^{n}(y_i-\mu_2)^2\right\} + \frac{1}{\sigma_1\sigma_2}\sum_{i=1}^{n}(x_i-\mu_1)(y_i-\mu_2) = 0$$

を使うと，

$$\rho = \frac{1}{n\sigma_1\sigma_2}\sum_{i=1}^{n}(x_i-\mu_1)(y_i-\mu_2)$$

となる．この式を $\partial \log L/\partial\sigma_1^2 = 0$ および $\partial \log L/\partial\sigma_2^2 = 0$ から得られる式と組み合わせると，

$$\sigma_1^2 = \frac{1}{n}\sum_{i=1}^{n}(x_i-\mu_1)^2, \quad \sigma_2^2 = \frac{1}{n}\sum_{i=1}^{n}(y_i-\mu_2)^2$$

となるから，σ_1^2 と σ_2^2 の推定値 $\hat{\sigma}_1^2 = S_x^2$ と $\hat{\sigma}_2^2 = S_y^2$ が得られる．よって，最終的に，ρ の推定値は

$$\hat{\rho} = \frac{\sum_{i=1}^{n}(x_i-\hat{\mu}_1)(y_i-\hat{\mu}_2)}{n\sqrt{\hat{\sigma}_1^2\hat{\sigma}_2^2}} = \frac{S_{xy}}{\sqrt{S_x^2 S_y^2}} = r$$

と Pearson の相関係数になった．

Pearson の相関係数が確かに母相関係数の最尤推定値であることを示すには，多変量解析の分野において知られている結果（たとえば，Anderson (2003) [20] の第 3.2 節 p. 67；Muirhead (1982) [53] の第 3.1 節 p. 79）を使うことができる．すなわち，つぎのようにする．より一般に p 変量正規分布 $N_p(\boldsymbol{\mu}, \Sigma)$（$\Sigma > O$：正定値）における大きさ $n\ (> p)$ のランダム標本 $\boldsymbol{x}_1, \ldots, \boldsymbol{x}_n$ に基づく $\boldsymbol{\mu}$ と Σ

の最尤推定値は標本平均ベクトル $\overline{\boldsymbol{x}}$ と標本分散共分散行列

$$\hat{\Sigma} = \frac{1}{n}\sum_{i=1}^{n}(\boldsymbol{x}_i - \overline{\boldsymbol{x}})(\boldsymbol{x}_i - \overline{\boldsymbol{x}})'$$

であることが知られている[3]．$p = 2$ の特別な場合である $N_2(\mu_1, \mu_2, \sigma_1^2, \sigma_2^2, \rho)$ では，$(\mu_1, \mu_2, \sigma_1^2, \sigma_2^2, \rho\sigma_1\sigma_2)$ の最尤推定値は

$$\begin{pmatrix} \hat{\mu}_1 \\ \hat{\mu}_2 \end{pmatrix} = \begin{pmatrix} \overline{x} \\ \overline{y} \end{pmatrix}, \quad \begin{pmatrix} \hat{\sigma}_1^2 & \widehat{\rho\sigma_1\sigma_2} \\ \widehat{\rho\sigma_1\sigma_2} & \hat{\sigma}_2^2 \end{pmatrix} = \begin{pmatrix} S_x^2 & S_{xy} \\ S_{xy} & S_y^2 \end{pmatrix}$$

で与えられる．ρ の最尤推定値を得るためには，式

$$\rho = \frac{\rho\sigma_1\sigma_2}{\sqrt{\sigma_1^2\sigma_2^2}}$$

から，最尤推定に関する**関数不変性**[4] (invariance property) を利用して，

$$\hat{\rho} = \frac{\widehat{\rho\sigma_1\sigma_2}}{\sqrt{\hat{\sigma}_1^2\hat{\sigma}_2^2}} = \frac{S_{xy}}{\sqrt{S_x^2 S_y^2}} = r$$

とすればよい．

注意：最尤推定値に関する関数不変性を知っている場合には，つぎのようにして母相関係数の最尤推定値を求めることができる．2 変量正規分布 $N_2(\mu_1, \mu_2, \sigma_1^2, \sigma_2^2, \rho)$ に従う確率ベクトル $\boldsymbol{Z} = (X, Y)'$ と 2 次元定数ベクトル $\boldsymbol{a} = (a_1, a_2)'$ に対し，$\boldsymbol{Z}$ の一次結合[5] $\boldsymbol{a}'\boldsymbol{Z} = a_1X + a_2Y$ は 1 変量正規分布 $N(a_1\mu_1 + a_2\mu_2, a_1^2\sigma_1^2 + 2a_1a_2\rho\sigma_1\sigma_2 + a_2^2\sigma_2^2)$ に従う．2 変量正規分布 $N_2(\mu_1, \mu_2, \sigma_1^2, \sigma_2^2, \rho)$ からの大きさ n のランダム標本を $a_1x_i + a_2y_i$ $(i = 1, \ldots, n)$ と変換しておき，1 変量正規分布の場合のパラメータ最尤推定の理論を使うことにより，$a_1\mu_1 + a_2\mu_2$ と $a_1^2\sigma_1^2 + 2a_1a_2\rho\sigma_1\sigma_2 + a_2^2\sigma_2^2$ の最尤推定値は $a_1\overline{x} + a_2\overline{y}$ と

$$\frac{1}{n}\sum_{i=1}^{n}\{a_1x_i + a_2y_i - (a_1\overline{x} + a_2\overline{y})\}^2 = a_1^2S_x^2 + 2a_1a_2S_{xy} + a_2^2S_y^2$$

で与えられることが分かる．$(a_1, a_2) = (1, 0)$ とおいて，$\overline{x}$ と S_x^2 は，それぞれ，μ_1 と σ_1^2 の最尤推定値となり，同様に $(a_1, a_2) = (0, 1)$ とおいて，$\overline{y}$ と S_y^2 は，それぞれ，μ_2 と σ_2^2 の最尤推定値となる．さらに $(a_1, a_2) = (1, 1)$ とおいて，$S_x^2 + 2S_{xy} + S_y^2$ は $\sigma_1^2 + 2\rho\sigma_1\sigma_2 + \sigma_2^2$

[3] $\hat{\Sigma}$ は Σ の不偏推定量ではない．$n\hat{\Sigma}/(n-1)$ が Σ の不偏推定量である．

[4] 関数変換が 1 対 1 のときの最尤推定に関する関数不変性の証明は，統計学の多くの本に見られる．しかし，1 対 1 変換である仮定は必要でないことが知られている．すなわち，スカラーもしくはベクトルパラメータ $\boldsymbol{\beta}$ の最尤推定値を $\hat{\boldsymbol{\beta}}$ とし，$g(\cdot)$ を必ずしも 1 対 1 とは限らない関数とするとき，$g(\boldsymbol{\beta})$ の最尤推定値は $g(\hat{\boldsymbol{\beta}})$ で与えられる (Zehna, 1966) [71].

[5] 線形結合ともいう．

の最尤推定値となる．最尤推定値の関数不変性から，S_{xy} は $\rho\sigma_1\sigma_2$ の最尤推定値であり，最終的に，Pearson の相関係数は ρ の最尤推定値となることが分かる．

3.2.2 Pearson の相関係数 r の分布

$\rho = 0$ のとき，r の関数 $\sqrt{n-2}\,r/\sqrt{1-r^2}$ は自由度 $(n-2)$ の t 分布に従う．なお，標準正規分布を含む**球形** (spherical) もしくは**球形対称** (spherically symmetric) の場合に同じ結果が成立つように拡張が可能である．上の結果から，r の確率密度関数は

$$f_0(r) = \frac{1}{B(1/2,(n-2)/2)}(1-r^2)^{(n-4)/2} \quad (-1 < r < 1)$$

に変換される．ここで，$B(\cdot,\cdot)$ はベータ関数を表す．また，r^2 はパラメータ $(1/2,(n-2)/2)$ のベータ分布に従う．$f_0(r)$ は 0 に関して対称だから，r の奇数次モーメントは 0 である．r の偶数次モーメントは

$$E(r^{2k}) = \frac{\Gamma((n-1)/2)\Gamma(k+1/2)}{\sqrt{\pi}\,\Gamma((n-1)/2+k)} \quad (k = 0, 1, 2, \ldots)$$

と計算される．

ρ が一般のとき，r の確率密度関数は

$$\begin{aligned} f(r) &= \frac{(1-\rho^2)^{(n-1)/2}(1-r^2)^{(n-4)/2}}{\sqrt{\pi}\,\Gamma((n-1)/2)\Gamma(n/2-1)} \\ &\quad \times \sum_{k=0}^{\infty} \Gamma^2\left(\frac{n+k-1}{2}\right)\frac{(2\rho r)^k}{k!} \quad (-1 < r < 1) \end{aligned}$$

となる．図 3.1 に確率密度関数 $f(r)$ のグラフが示されている．r の確率密度関数の導出については,「参考」として後述する．Pearson の相関係数 r の球形分布における分布の導出は Anderson (2003) [20] や Muirhead (1982) [53] に見られる．

一般式において $\rho = 0$ とおくことにより，$f(r)$ は $f_0(r)$ に帰着するのを見ることができる．なお，ガンマ関数の**倍数公式** (duplication formula)

$$\Gamma(2z) = \frac{2^{2z-1/2}}{\sqrt{2\pi}}\Gamma(z)\Gamma(z+1/2)$$

を使うと，確率密度関数 $f(r)$ は

$$f(r) = \frac{2^{n-3}(1-\rho^2)^{(n-1)/2}(1-r^2)^{(n-4)/2}}{\pi\Gamma(n-2)} \times \sum_{k=0}^{\infty} \Gamma^2\left(\frac{n+k-1}{2}\right)\frac{(2\rho r)^k}{k!}$$

と書くことができる．また，Gauss の超幾何関数を使用しての表現

$$f(r) = \frac{(n-2)\Gamma(n-1)}{\sqrt{2\pi}\,\Gamma(n-1/2)}(1-\rho^2)^{(n-1)/2}(1-\rho r)^{-n+3/2} \times (1-r^2)^{(n-4)/2}{}_2F_1\left(\frac{1}{2},\frac{1}{2};n-\frac{1}{2};\frac{1}{2}(1+\rho r)\right)$$

が知られている．

参考（正規分布における相関係数 r の分布の導出）：ランダム標本 $(X_1, Y_1)', \dots, (X_n, Y_n)'$ $(n \geq 2)$ は 2 変量正規分布 $N_2(\mu_1, \mu_2, \sigma_1^2, \sigma_2^2, \rho) \equiv N_2(\boldsymbol{\mu}, \Sigma)$ からとする．ここで，$\boldsymbol{\mu} = (\mu_1, \mu_2)'$，$\Sigma = \begin{pmatrix} \sigma_1^2 & \rho\sigma_1\sigma_2 \\ \rho\sigma_1\sigma_2 & \sigma_2^2 \end{pmatrix}$ を表す．また，偏差積和行列を $A = \begin{pmatrix} V_{11} & V_{12} \\ V_{21} & V_{22} \end{pmatrix}$ とおく．V_{ij} $(i, j = 1, 2)$ は

$$V_{11} = \sum_{i=1}^{n}(X_i - \overline{X})^2, \quad V_{12} = \sum_{i=1}^{n}(X_i - \overline{X})(Y_i - \overline{Y}) = V_{21},$$

$$V_{22} = \sum_{i=1}^{n}(Y_i - \overline{Y})^2, \quad \overline{X} = \frac{1}{n}\sum_{i=1}^{n} X_i, \quad \overline{Y} = \frac{1}{n}\sum_{i=1}^{n} Y_i$$

を表すが，$A > O$（正定値）となるための必要十分条件として $V_{11} > 0$，$V_{22} > 0$，$V_{11}V_{22} - V_{12}^2 > 0$ である．そのとき，(V_{11}, V_{22}, V_{12}) の分布は自由度 $(n-1)$ の **Wishart**（ウィッシャート）**分布** $W_2(\Sigma, n-1)$ に従うことが知られている．$W_2(\Sigma, n-1)$ の結合確率密度関数は

$$f(v_{11}, v_{22}, v_{12}) = \frac{|A|^{(n-4)/2}\exp\left\{-\frac{1}{2}\operatorname{tr}(\Sigma^{-1}A)\right\}}{2^{n-1}\sqrt{\pi}\,|\Sigma|^{(n-1)/2}\Gamma((n-1)/2)\Gamma((n-2)/2)}$$

で与えられる．

相関係数 $R = V_{12}/\sqrt{V_{11}V_{22}}$ の分布を求めるために，$U_j =$

V_{jj}/σ_j^2 $(j = 1,2)$ とおき，(V_{11}, V_{22}, V_{12}) から (U_1, U_2, R) へと変数変換を施して，(U_1, U_2, R) の結合分布から R の周辺分布を計算するという方法を取ることにする．変換の両辺の微分を取ると，$dv_{jj} = \sigma_j^2 du_j$，$dv_{12} = \sqrt{v_{11}v_{22}}\,dr = \sigma_1\sigma_2\sqrt{u_1u_2}\,dr$ となるので，(U_1, U_2, R) の結合確率密度関数を

$$\begin{aligned} &f(v_{11}, v_{22}, v_{12})dv_{11}dv_{22}dv_{12} \\ &= \frac{(u_1u_2)^{(n-3)/2}(1-r^2)^{(n-4)/2}}{2^{n-1}\sqrt{\pi}(1-\rho^2)^{(n-1)/2}\Gamma((n-1)/2)\Gamma((n-2)/2)} \\ &\quad \times \exp\left\{-\frac{1}{2(1-\rho^2)}\left(u_1 - 2\rho r\sqrt{u_1u_2} + u_2\right)\right\} du_1du_2dr \end{aligned}$$

のように得ることができる．Maclaurin 展開

$$\exp\left(\frac{\rho r\sqrt{u_1u_2}}{1-\rho^2}\right) = \sum_{k=0}^{\infty}\frac{1}{k!}\left(\frac{\rho r\sqrt{u_1u_2}}{1-\rho^2}\right)^k$$

と積分

$$\begin{aligned} &\int_0^\infty u_j^{(n-3)/2}\exp\left\{-\frac{u_j}{2(1-\rho^2)}\right\}u_j^{k/2}du_j \\ &= \Gamma\left(\frac{n+k-1}{2}\right)\left\{2(1-\rho^2)\right\}^{(n+k-1)/2} \qquad (j = 1,2) \end{aligned}$$

を使って，$f(r)$ の最終式を得る．

3.2.3 Pearson の相関係数 r の平均と分散

Pearson の相関係数 r は母相関係数 ρ の不偏推定量か？その問いの答は No である．実際，r の 1 次モーメント（平均）は

$$E(r) = \frac{\Gamma^2(n/2)}{\Gamma((n-1)/2)\Gamma((n+1)/2)}\,\rho\,{}_2F_1\left(\frac{1}{2}, \frac{1}{2}; \frac{n+1}{2}; \rho^2\right)$$

と表現される．すべての ρ に対して $E(r) = \rho$ とはならないので，標本相関係数 r は母集団相関係数 ρ の不偏推定量ではない．なお，特別に $\rho = 0$ のときには，r の期待値は ρ $(= 0)$ である．

r の平均の式を求めるには，ベータ関数の定義とガンマ関数表示，ガンマ関数の倍数公式，および Gauss の超幾何関数 ${}_2F_1$ の公式

$${}_2F_1(a, b; c; z) = (1-z)^{c-a-b}\,{}_2F_1(c-a, c-b; c; z)$$

が有用であることを以下に見るであろう．

平均の定義式から，r の確率密度関数 $f(r)$ を使って，

$$
\begin{aligned}
E(r) &= \int_0^1 rf(r)dr \\
&= \frac{(1-\rho^2)^{(n-1)/2}}{\sqrt{\pi}\,\Gamma((n-1)/2)\Gamma(n/2-1)} \\
&\quad \times \sum_{k=0}^{\infty} \frac{\Gamma^2((n+k-1)/2)(2\rho)^k}{k!}\, I
\end{aligned}
$$

と書ける．ここで，

$$
I = \int_{-1}^1 r^{k+1}(1-r^2)^{n/2-2}dr
$$

である．I は，k が偶数のとき $I=0$，k が奇数 $k=2j+1$ ($j=0,1,2,\ldots$) のときベータ関数もしくはガンマ関数を使って

$$
\begin{aligned}
I &= 2\int_0^1 r^{2j+2}(1-r^2)^{n/2-2}dr = \int_0^1 u^{j+1/2}(1-u)^{n/2-2}du \\
&= B\left(j+\frac{3}{2}, \frac{n}{2}-1\right) = \frac{\Gamma(j+3/2)\Gamma(n/2-1)}{\Gamma(j+(n+1)/2)}
\end{aligned}
$$

となる．よって，式変形の途中でガンマ関数の倍数公式と Gauss の超幾何関数の公式を使うと

$$
\begin{aligned}
E(r) &= \frac{(1-\rho^2)^{(n-1)/2}}{\sqrt{\pi}\,\Gamma((n-1)/2)\Gamma(n/2-1)} \\
&\quad \times \sum_{j=0}^{\infty} \frac{\Gamma^2(j+n/2)\Gamma(j+3/2)\Gamma(n/2-1)}{\Gamma(2j+2)\Gamma(j+n+1/2)}\,(2\rho)^{2j+1} \\
&= \frac{(1-\rho^2)^{(n-1)/2}}{\Gamma((n-1)/2)} \sum_{j=0}^{\infty} \frac{\Gamma^2(j+n/2)}{\Gamma(j+(n+1)/2)j!}\,\rho^{2j+1} \\
&= \frac{\Gamma^2(n/2)(1-\rho^2)^{(n-1)/2}}{\Gamma((n-1)/2)\Gamma((n+1)/2)}\,\rho\,{}_2F_1\left(\frac{n}{2}, \frac{n}{2}; \frac{n+1}{2}; \rho^2\right) \\
&= \frac{\Gamma^2(n/2)}{\Gamma((n-1)/2)\Gamma((n+1)/2)}\,\rho\,{}_2F_1\left(\frac{1}{2}, \frac{1}{2}; \frac{n+1}{2}; \rho^2\right)
\end{aligned}
$$

を得る．

r の偏り $\mathrm{Bias}(r) = E(r) - \rho$ を $n = 3, 10, 50$ に対して描いた図を図 3.3 に与える．n が十分大きいとき，**Stirling**（スターリング）**の公式** (Stirling's formula)

$$\Gamma(z) \approx \sqrt{2\pi} z^{z-1/2} e^{-z} \left\{ 1 + \frac{1}{12z} \right\} \quad (z：十分大)$$

と対数関数 $\log(1+x)$ および指数関数 e^x の Maclaurin 展開から導かれる式

$$\left(1 - \frac{1}{n^2}\right)^{-n/2} = \exp\left\{-\frac{n}{2} \log\left(1 - \frac{1}{n^2}\right)\right\} \approx 1 + \frac{1}{2n}$$

を使って，r の平均 $E(r)$ は

$$E(r) = \rho - \frac{\rho(1-\rho^2)}{2n} + \mathrm{O}(n^{-2})$$

と評価できる．すなわち，r は漸近的 $(n \to \infty)$ に不偏である．偏りの n^{-1} オーダーの $b(\rho) = -\rho(1-\rho^2)/2$ において，絶対値の最大値は $\rho = \pm 1/\sqrt{3}$ のとき $|b(\rho)| = 1/(3\sqrt{3})$ と得られる．$n = 50$ であれば，偏りの絶対値は高々 $1/(300\sqrt{3})$ 程度と非常に小さい値となる．

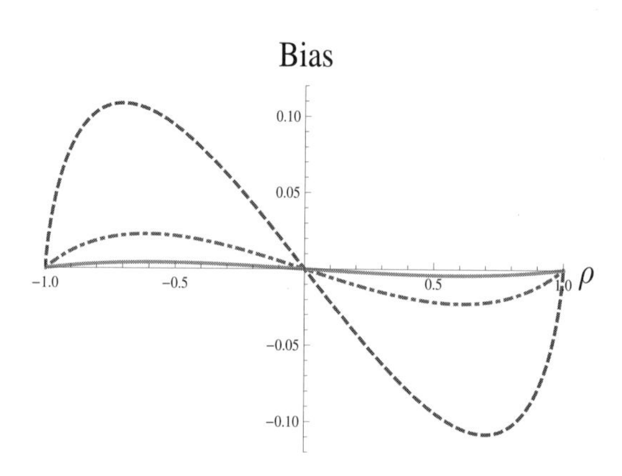

図 3.3 相関係数 r の偏り $\mathrm{Bias}(r) = E(r) - \rho$：$n = 3$（破線），10（一点鎖線），50（実線）．

r の 2 次モーメント $E(r^2)$ も $E(r)$ と似たような計算によって求められる．$E(r^2)$ を定義にしたがって評価することも可能ではあるが，

$$E(1-r^2) = \int_{-1}^{1} (1-r^2) f(r) dr$$
$$= \frac{(1-\rho^2)^{(n-1)/2}}{\sqrt{\pi}\,\Gamma((n-1)/2)\Gamma(n/2-1)}$$

$$\times \sum_{k=0}^{\infty} \frac{\Gamma^2((n+k-1)/2)(2\rho)^k}{k!} \int_{-1}^{1} r^k (1-r^2)^{n/2-1} dr$$

のように計算すると見通しがよい．与式は

$$\frac{(1-\rho^2)^{(n-1)/2}}{\Gamma((n-1)/2)\Gamma(n/2-1)} \sum_{j=0}^{\infty} \frac{\Gamma^2(j+(n-1)/2)\Gamma(n/2)\rho^{2j}}{\Gamma(j+(n+1)/2)j!}$$

$$\begin{aligned}
&= \left(\frac{n}{2}-1\right) \frac{\Gamma((n-1)/2)(1-\rho^2)^{(n-1)/2}}{\Gamma((n+1)/2)} \\
&\quad \times {}_2F_1\left(\frac{n-1}{2}, \frac{n-1}{2}; \frac{n+1}{2}; \rho^2\right) \\
&= \frac{n-2}{n-1}(1-\rho^2)\,{}_2F_1\left(1, 1; \frac{n+1}{2}; \rho^2\right)
\end{aligned}$$

となる．よって，

$$E(r^2) = 1 - \frac{n-2}{n-1}(1-\rho^2)\,{}_2F_1\left(1, 1; \frac{n+1}{2}; \rho^2\right)$$

を得る．n が十分大きいときは，

$$E(r^2) = \rho^2 + \frac{(1-\rho^2)(1-2\rho^2)}{n} + \mathrm{O}(n^{-2})$$

と評価できる．したがって，r の分散について，正確な式は $\mathrm{Var}(r) = E(r^2) - \{E(r)\}^2$ から得ることができ，n が十分大きいときは，$E(r)$ の評価式と合わせて，

$$\mathrm{Var}(r) = \frac{(1-\rho^2)^2}{n} + \mathrm{O}(n^{-2})$$

となる．なお，$\lim_{n\to\infty} \mathrm{Bias}(r) = 0$，$\lim_{n\to\infty} \mathrm{Var}(r) = 0$ だから，r は ρ の一致推定量である．

3.2.4　一様最小分散不偏推定量の構成

ρ の一様最小分散不偏推定量が $\hat{\rho} = r\,{}_2F_1(1/2, 1/2; n/2-1; 1-r^2)$ で与えられること，すなわち $\hat{\rho}$ は一様最小分散で不偏性 $E(\hat{\rho}) = \rho$ を満たすことは，以下のように示される．

確率変数列 $(X_1, Y_1)', \ldots, (X_n, Y_n)'$ は独立に同一の 2 変量正規分布 $N_2(\mu_1, \mu_2, \sigma_1^2, \sigma_2^2, \rho)$ に従うとする．統計量

$$\left(\sum_{i=1}^{n} X_i, \sum_{i=1}^{n} X_i^2, \sum_{i=1}^{n} Y_i, \sum_{i=1}^{n} Y_i^2, \sum_{i=1}^{n} X_iY_i\right)$$

はパラメータ $(\mu_1, \mu_2, \sigma_1^2, \sigma_2^2, \rho)$ の完備十分統計量だから，**Rao–Blackwell の定理** (Rao–Blackwell theorem) により，$f(r)$ を相関係数 r の確率密度関数として，積分方程式

$$\begin{aligned}
&\int_{-1}^{1} G(r)f(r)dr \\
&= \frac{2^{n-3}(1-\rho^2)^{(n-1)/2}}{\pi\Gamma(n-2)} \sum_{k=0}^{\infty} \Gamma^2\left(\frac{n+k-1}{2}\right)\frac{(2\rho)^k}{k!} \\
&\quad \times \int_{-1}^{1} r^k(1-r^2)^{(n-4)/2}G(r)dr \\
&= \rho
\end{aligned}$$

を満たす関数 $G(r)$ は相関係数 ρ の唯一の一様最小分散不偏推定量となる．よって，この積分方程式を解くことが問題である．方程式を書き換えると，

$$\sum_{k=0}^{\infty} \Gamma^2\left(\frac{n+k-1}{2}\right)\frac{(2\rho)^k}{k!}\int_{-1}^{1} r^k(1-r^2)^{(n-4)/2}G(r)dr$$
$$= \frac{\pi\Gamma(n-2)\rho}{2^{n-3}(1-\rho^2)^{(n-1)/2}}$$

が満たされればよいことが分かる．右辺の関数 $(1-\rho^2)^{-(n-1)/2}$ を

$$\begin{aligned}
(1-\rho^2)^{-(n-1)/2} &= \sum_{k=0}^{\infty} \binom{-(n-1)/2}{k}(-\rho^2)^k \\
&= \sum_{k=0}^{\infty} \frac{\Gamma((n-1)/2+k)}{\Gamma((n-1)/2)k!}\rho^{2k}
\end{aligned}$$

と Maclaurin 展開（次ページの「参考」）し，無限級数の各項を比較することによって，

$$\begin{aligned}
&2\int_{0}^{1} r^{2j+1}(1-r^2)^{(n-4)/2}G(r)dr \\
&= \frac{\pi\Gamma(n-2)\Gamma(2j+2)\Gamma((n-1)/2+j)}{2^{n-2+2j}\Gamma((n-1)/2)\Gamma(j+1)\Gamma^2(n/2+j)}
\end{aligned}$$

を得る．なお，$G(r)$ は奇関数である．上式の左辺を $r = \exp(-y/2)$

と変換すると，上式は

$$\begin{aligned}
&\int_0^\infty e^{-y}(1-e^{-y})^{(n-4)/2}G(e^{-y/2})e^{-jy}dy \\
&= \frac{\pi\Gamma(n-2)\Gamma(2j+2)\Gamma((n-1)/2+j)}{2^{n-2+2j}\Gamma((n-1)/2)\Gamma(j+1)\Gamma^2(n/2+j)} \\
&= \Gamma\left(\frac{n}{2}-1\right)\frac{\Gamma(3/2+j)\Gamma((n-1)/2+j)}{\Gamma^2(n/2+j)}
\end{aligned}$$

と Laplace 変換の形になる．最後の等式のためには，$\Gamma(2j+2)$ と $\Gamma(n-2)$ に対してガンマ関数の倍数公式を使った．Bateman Manuscript Project (1954) [22] の Laplace 変換公式を使うと，

$$\int_0^\infty \psi(y)e^{-jy}dy = \Gamma\left(\frac{n}{2}-1\right)\frac{\Gamma(3/2+j)\Gamma((n-1)/2+j)}{\Gamma^2(n/2+j)}$$

となる．ここで，$\psi(\cdot)$ は，Gauss の超幾何関数 ${}_2F_1$ を含んで，

$$\psi(y) = e^{-3y/2}(1-e^{-y})^{n/2-2}{}_2F_1\left(\frac{1}{2},\frac{1}{2};\frac{n}{2}-1;1-e^{-y}\right)$$

を表す．したがって，$e^{-y}(1-e^{-y})^{n/2-2}G(e^{-y/2}) = \psi(y)$ の関係式において，$e^{-y/2}=r$ より，最終的に

$$\begin{aligned}
G(r) &= e^{-y/2}{}_2F_1\left(\frac{1}{2},\frac{1}{2};\frac{n}{2}-1;1-e^{-y}\right) \\
&= r\,{}_2F_1\left(\frac{1}{2},\frac{1}{2};\frac{n}{2}-1;1-r^2\right)
\end{aligned}$$

を得る．

参考：Maclaurin 展開の公式

$$(1+z)^\alpha = \sum_{k=0}^\infty \binom{\alpha}{k} z^k \quad (|z|<1,\ \alpha \text{ は任意の実数})$$

が知られている．ここで，記法

$$\begin{aligned}
\binom{\alpha}{k} &= \frac{\alpha(\alpha-1)\cdots(\alpha-k+1)}{k!} \\
&= (-1)^k\frac{(-\alpha)(-\alpha+1)\cdots(-\alpha+k-1)}{k!}
\end{aligned}$$

は一般化された二項係数を表す．

3.2.5　逆正弦関数による変換

標本の大きさ n に無関係に $E[\Psi(r)] = \Psi(\rho)$ となる関数 Ψ を見出す問題の提起と解答の歴史的経緯についてはDaniels and Kendall (1958) [26] およびその中の文献を参照のこと．Daniels and Kendall (1958) は 2 変量正規分布 $N_2(\mu_1, \mu_2, \sigma_1^2, \sigma_2^2, \rho)$ の場合の Kendall の相関係数が $\tau(X, Y) = (2/\pi)\sin^{-1}\rho$ で表されることを使って，$E(\sin^{-1} r) = \sin^{-1}\rho$ が成立することを示した．

3.2.6　仮説検定と区間推定

仮説 $\rho = 0$ の両側検定の P-値の計算には，$u = r^2$ $(0 < u < 1)$ とおくことにより $f_0(r)$ は確率密度関数

$$f_{r^2}(u) = \frac{1}{B(1/2, (n-2)/2)} u^{1/2-1}(1-u)^{(n-2)/2-1}$$

を持つパラメータ $(1/2, (n-2)/2)$ のベータ分布に変換されることを用いて，相関係数 ρ の推定値としての Pearson の相関係数 $\hat{\rho}$ がデータから得られたとき，両側 P-値

$$\int_{\hat{\rho}^2}^{1} f_{r^2}(u)du = 1 - \frac{B_{\hat{\rho}^2}(1/2, (n-2)/2)}{B(1/2, (n-2)/2)}$$

を得る．ここで，不完全ベータ関数 $B_z(\cdot, \cdot)$ は

$$B_z(a, b) = \int_0^z u^{a-1}(1-u)^{b-1}du \quad (a, b > 0;\ 0 < z < 1)$$

を表す．片側検定 $\rho < 0$ もしくは $\rho > 0$ の P-値の計算のためには，確率密度関数 $f_0(r)$ を $u = (1-r)/2$ と変換することにより，

$$\begin{aligned}\Pr(r \geq |\hat{\rho}|) &= \int_{|\hat{\rho}|}^{1} f_0(r)dr \\ &= \frac{2^{n-3}B_{(1-|\hat{\rho}|)/2}((n-2)/2, (n-2)/2)}{B(1/2, (n-2)/2)}\end{aligned}$$

を利用できる．

もしくは，$t = \sqrt{n-2}\,r/\sqrt{1-r^2}$ と変数変換すると，$dt = \sqrt{n-2}/(1-r^2)^{3/2}\,dr$ より，

$$f_0(r)dr = \frac{1}{B(1/2, (n-2)/2)}(1-r^2)^{(n-4)/2}dr$$

$$= \frac{1}{\sqrt{n-2}\,B(1/2,(n-2)/2)}\left(1+\frac{t^2}{n-2}\right)^{-(n-1)/2} dt$$

となる．よって，確率変数 t は自由度 $(n-2)$ の t 分布に従うので，片側 P-値は $\Pr(r \geq |\hat{\rho}|) = \Pr(t \geq \sqrt{n-2}\,|\hat{\rho}|/\sqrt{1-\hat{\rho}^2})$ で，また両側 P-値は $2\Pr(t \geq \sqrt{n-2}\,|\hat{\rho}|/\sqrt{1-\hat{\rho}^2})$ で与えられる．

母集団分布が正規分布という箇所を少し一般化して $\boldsymbol{X} = (X_1,\ldots,X_n)'$ と $\boldsymbol{Y} = (Y_1,\ldots,Y_n)'$ は独立に球形対称結合確率密度関数をもって分布するならば，Pearson の相関係数 r につき，$\sqrt{n-2}\,r/\sqrt{1-r^2}$ は自由度 $(n-2)$ の t 分布に従うことが知られている．この述べ方の観点では，相関係数を考える限り $(X_i,Y_i)'$ $(i=1,\ldots,n)$ が $\rho=0$ の 2 変量正規分布というところを一般性を失わずに 2 変量標準正規分布に従うとしてよいので，このとき $(X_1,\ldots,X_n)'$ と $(Y_1,\ldots,Y_n)'$ は n 変量標準正規分布に従うから球形対称分布族の一つであり，正規分布の場合の結果は，より一般な文脈での特別な場合とみなすことができる．

3.2.7　Fisher の z 変換

Pearson の相関係数 r の正規分布近似の収束のオーダーが $m^{-1/2}$ $(m=n-1)$ のところを，Fisher の z 変換により，

$$\Pr\left(\sqrt{m}\left\{z(r)-z(\rho)-\frac{\rho}{2m}\right\} < x\right) = \Phi(x) + \mathrm{O}(m^{-1})$$

と改善できる（**正規化変換** normalizing transformation）ことが知られている (Konishi, 1981 [43])．さらに，Fisher の z 変換は**分散安定化変換** (variance stabilizing transformation) でもあり，微分方程式

$$(1-\rho^2)g'(\rho) = 1$$

の解となっている．統計量（いまの場合，$z(r)$）の分散がパラメータに依存しないという事実は大きなメリットを持ち，統計量の（極限）分布（いまの場合，極限分布は正規分布）を使ってパラメータ（いまの場合，相関係数）の（近似）信頼区間を構成でき，また検定を実行できるようになることを含意する．Pearson の相関係数 r の確率密度関数 $(\rho = 0.5)$ を Fisher の z 変換により変換した図を図 3.4 に示す．形状は，ほぼ正規分布に近い．統計量 r もしくは r を

変換した統計量の分布の近似については柴田 (1981) [7] や Johnson *et al.* (1995) [38] に詳しい解説がある．

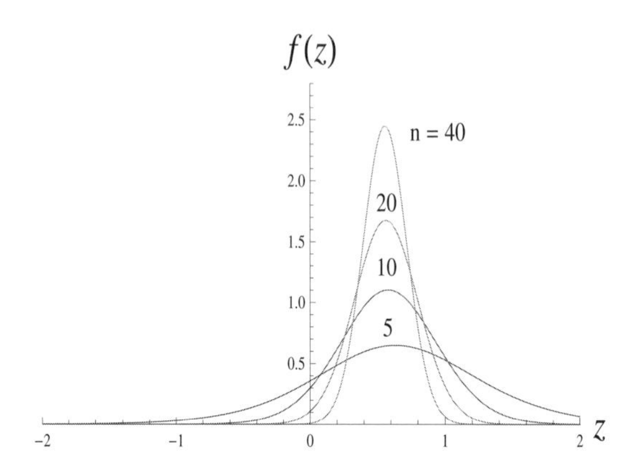

図 **3.4** Fisher の z 変換により変換した密度関数 $(\rho = 0.5)$.

3.2.8 いくつかの場合

平均と分散のいくつかが既知の場合の相関係数最尤推定

大きさ n のランダム標本 $(x_1, y_1)', \ldots, (x_n, y_n)'$ は 2 変量正規分布 $N_2(\mu_1, \mu_2, \sigma_1^2, \sigma_2^2, \rho)$ に従うが，$\mu_1, \mu_2, \sigma_1^2, \sigma_2^2$ のいくつかは既知の場合を扱う．確率ベクトル $(X, Y)'$ が $N_2(\mu_1, \mu_2, \sigma_1^2, \sigma_2^2, \rho)$ に従うとき，$((X-\mu_1)/\sigma_1, (Y-\mu_2)/\sigma_2)'$ は $N_2(0, 0, 1, 1, \rho)$ に従うので，一般性を失うことなく，μ_1 もしくは μ_2 が既知の場合はそれを 0，σ_1^2 もしくは σ_2^2 が既知の場合はそれを 1 とおくことにする．記法

$$s_x^2 = \frac{1}{n}\sum_{i=1}^{n} x_i^2, \quad s_y^2 = \frac{1}{n}\sum_{i=1}^{n} y_i^2, \quad s_{xy} = \frac{1}{n}\sum_{i=1}^{n} x_i y_i$$

を用いる．

1. 共通の分散 σ^2 が未知の 2 変量正規分布 $N_2(0, 0, \sigma^2, \sigma^2, \rho)$ のとき，ρ の最尤推定値は

$$\hat{\rho} = \frac{2\sum_{i=1}^{n} x_i y_i}{\sum_{i=1}^{n}(x_i^2 + y_i^2)} = \frac{2s_{xy}}{s_x^2 + s_y^2}$$

となる．平均 μ_1 と μ_2 が未知，共通の分散 σ^2 が未知の 2 変量正規

分布 $N_2(\mu_1, \mu_2, \sigma^2, \sigma^2, \rho)$ のときの ρ の最尤推定値は，第 3.1 節の記法を用いて，

$$\hat{\rho} = \frac{2S_{xy}}{S_x^2 + S_y^2}$$

で与えられる．

2. $N_2(0, 0, 1, 1, \rho)$ における最尤推定値は，3 次方程式

$$h(\hat{\rho}) = \hat{\rho}(1 - \hat{\rho}^2) + s_{xy}(1 + \hat{\rho}^2) - (s_x^2 + s_y^2)\hat{\rho} = 0$$

の解として与えられる．$h(-1) \leq 0$ かつ $h(1) \geq 0$ だから，方程式 $h(\hat{\rho}) = 0$ は区間 $[-1, 1]$ 内に少なくとも 1 個の解を持つ．1 個だけの場合はそれを推定値とし，2 個もしくは 3 個の解があった場合は尤度を最大にする解を推定値として選ぶ．なお，$N_2(0, 0, 1, 1, \rho)$ の十分統計量 (S_x^2, S_y^2, S_{xy}) は不完備であるので，十分統計量に基づく不偏推定量は一意に定まらない．

3. μ_1, μ_2 を未知として $N(\mu_1, \mu_2, 1, 1, \rho)$ や σ_1^2, σ_2^2 $(\sigma_1^2 \neq \sigma_2^2)$ を未知として $N(0, 0, \sigma_1^2, \sigma_2^2, \rho)$ の場合などの相関係数最尤推定・不偏推定が考えられるが，これらについては本書では割愛する[6]．

[6] Johnson *et al.* (1995) [38]，Chapter 32 に，いくつかのモデルにおける ρ の推定問題についての記述が見られる．

視力データの解析

左右視力 $(Y_1, Y_2)'$ は 2 変量分布を用いてモデル化することが可能であるが，加えて別の変数，たとえば年齢 X を取り入れることにより，3 変数 $(X, Y_1, Y_2)'$ の分布を用いてモデル化することができる．Olkin and Viana (1995) [55] は，年齢と両眼視力を表す確率ベクトル $(X, Y_1, Y_2)'$ が 3 変量正規分布に従い，(Y_1, Y_2) が交換可能な場合の理論とデータ解析を扱った．平均ベクトルは $\boldsymbol{\mu} = (\mu_0, \mu_1, \mu_2)'$ で共分散構造は

$$\Sigma = \begin{bmatrix} \sigma^2 & \gamma\sigma\tau & \gamma\sigma\tau \\ \gamma\sigma\tau & \tau^2 & \rho\tau^2 \\ \gamma\sigma\tau & \rho\tau^2 & \tau^2 \end{bmatrix}$$

が仮定されている．分散共分散行列は非負定値である必要があるので，パラメータの範囲は $\gamma^2 \leq (1 + \rho)/2$ かつ $\rho^2 \leq 1$ である．右眼視力 Y_1 と左眼視力 Y_2 のうち良い（悪い）方の視力に関心が

ある場合は順序統計量 $(Y_{(1)}, Y_{(2)})$ を持ち出すことになる．ここで，$Y_{(1)} = \min\{Y_1, Y_2\}$ で $Y_{(2)} = \max\{Y_1, Y_2\}$ を表す．確率ベクトル $(X, Y_{(1)}, Y_{(2)})'$ の分散共分散行列 Ψ は

$$\Psi = \begin{bmatrix} \sigma^2 & \gamma\sigma\tau & \gamma\sigma\tau \\ \gamma\sigma\tau & \tau^2\{\rho + (1-\rho)c_{11}\} & \tau^2\{\rho + (1-\rho)c_{12}\} \\ \gamma\sigma\tau & \tau^2\{\rho + (1-\rho)c_{21}\} & \tau^2\{\rho + (1-\rho)c_{22}\} \end{bmatrix}$$

となる．ここで，

$$\begin{bmatrix} c_{11} & c_{12} \\ c_{21} & c_{22} \end{bmatrix} = \begin{bmatrix} 0.6817 & 0.3183 \\ 0.3183 & 0.6817 \end{bmatrix}$$

は二つの独立な標準正規変量の最小値と最大値の間の分散共分散行列を表す．X と $Y_{(i)}$ の間の共分散は X と元の Y_i の間の共分散と同じとなることが注意される．X と $Y_{(i)}$ の間の相関係数は

$$\mathrm{Corr}(X, Y_{(i)}) = \frac{\gamma}{\sqrt{\rho + (1-\rho)c_{ii}}} \quad (i = 1, 2)$$

となる．また，$Y_{(1)}$ と $Y_{(2)}$ の間の相関係数

$$\mathrm{Corr}(Y_{(1)}, Y_{(2)}) = \frac{\rho + (1-\rho)c_{12}}{\rho + (1-\rho)c_{22}}$$

を得る．$\mathrm{Corr}(X, Y_{(i)})$ や $\mathrm{Corr}(Y_{(1)}, Y_{(2)})$ の最尤推定値を得るには，$(Y_1, Y_2)'$ 視力データの順序統計量を求める必要はなく，データから $(X, Y_1, Y_2)'$ の分散共分散行列の最尤推定値を求め，最尤推定値の関数変換不変性を用いることにより，(γ, ρ) の最尤推定値 $(\hat{\gamma}, \hat{\rho})$ を $\mathrm{Corr}(X, Y_{(i)})$ や $\mathrm{Corr}(Y_{(1)}, Y_{(2)})$ の (γ, ρ) に代入すればよい．

4 種々の相関係数

本章では，まず，回帰と線形モデルにおいて Pearson の相関係数が持つ役割について述べる．つぎに，重相関係数と正準相関係数をこの順番に解説し[1]，その後に偏相関係数を取り上げる．非線形構造の同定に使用される distance 相関についても簡単に触れ，最後に，分割表・時系列において現れる相関係数，空間相関を紹介する．

[1] 重相関係数と正準相関係数では，その定義から，正準相関係数のほうが一般化されているが，本書では積み上げ式にそれらを一つずつ解説する．それぞれが重要な概念だからである．

4.1 回帰と線形モデル

Pearson の相関係数は 2 変数間の直線関係の程度を表現する量であった．回帰関数は 2 変量分布において片方の確率変数の値が与えられたときの他方の確率変数の条件付き期待値として定義され，線形モデルはパラメータに関して線形な統計モデルのことをいう．本節では，回帰と線形モデルにおける Pearson の相関係数の役割について述べる．

4.1.1 回帰関数

確率ベクトル $(X, Y)'$ は 2 変量正規分布 $N_2(\mu_1, \mu_2, \sigma_1^2, \sigma_2^2, \rho)$ に従うとする．そのとき，$X = x$ が与えられたときの Y の条件付き分布は 1 変量正規分布 $N(a + bx, \xi^2)$ となる．ここで，条件付き期待値（X の上への Y の**回帰関数** (regression function)）は直線 $y = E(Y|X = x) = a + bx$ であり，その切片 a と傾き b は $a = \mu_2 - b\mu_1$，$b = \rho(\sigma_2/\sigma_1)$ である．なお，ξ^2 は $\xi^2 = (1 - \rho^2)\sigma_2^2$ を表す．この直線は点 (μ_1, μ_2) を通る．式を変形すると，

$$\frac{y - \mu_2}{\sigma_2} = \rho\,\frac{x - \mu_1}{\sigma_1}$$

と書けることに注意しよう．これは，標準化した（平均を引き去り，標準偏差で除した）変数についての回帰式を表している．

$N_2(\mu_1,\mu_2,\sigma_1^2,\sigma_2^2,\rho)$ からのデータ $(x_1,y_1)',\ldots,(x_n,y_n)'$ に基づいてパラメータ a,b,ξ^2 を最尤推定すると，つぎのようになる．(σ_1,σ_2,ρ) の最尤推定値は (S_x,S_y,r) で与えられる[2] ので，最尤推定値の関数不変性から，回帰直線の傾き $b=\rho(\sigma_2/\sigma_1)$ の最尤推定値は $\hat{b}=r(S_y/S_x)=S_{xy}/S_x^2$ となり，y 切片 $a=\mu_2-\rho(\sigma_2/\sigma_1)\mu_1$ の最尤推定値は $\hat{a}=\overline{y}-r(S_y/S_x)\overline{x}=\overline{y}-\hat{b}\overline{x}$ となる．

[2] 統計量の記法は第 3.1 節と同じである．すなわち，$\overline{x}$ と $\overline{y}$ は標本の平均，S_x と S_y は標準偏差，r は Pearson の相関係数を表す．

結局，回帰直線 $y=a+bx$ は，最尤法により，上で求めた $\hat{a}$ と $\hat{b}$ を使って，$y=\hat{a}+\hat{b}x$ と推定されることが分かった．推定された直線は点 $(\overline{x},\overline{y})$ を通ることに注意しよう．なお，分散 $\xi^2=(1-\rho^2)\sigma_2^2$ の最尤推定値は $(1-r^2)S_y^2=S_y^2\{1-S_{xy}^2/(S_x^2S_y^2)\}$ と得られる．

回帰直線の例：2018 年 9 月 1 日〜30 日の同日における東京と福岡の気圧，また，9 月 1 日〜30 日の福岡と 1 日遅れでの東京（9 月 2 日〜30 日，10 月 1 日）の気圧データ（国土交通省気象庁のサイト (https://www.data.jma.go.jp/obd/stats/etrn/index.php) から取得）について，散布図とともに最尤法によって当てはめられた回帰直線をプロットしてみると，図 4.1 のようである．相関係数は，同日における福岡と東京の気圧間の相関係数 $r\approx 0.719$ よりも，東京において福岡の 1 日遅れの気圧間の相関係数 $r\approx 0.857$ のほうが大きい．これは，日本上空の西風のために気圧配置に時間的ずれが生じるためと解釈できる．

4.1.2 線形モデル

線形モデルの最も簡単な枠組み $y=a+bx+e$ について考えよう．ここで，a,b は定数，x は説明変数，y は目的変数，e は正規分布 $N(0,\sigma^2)$ に従う観測誤差を表すとする．モデルはパラメータ a と b に関して線形なので，**線形モデル** (linear model) と呼ばれる．たとえ $y=a+bx+cx^2+e$ と x に関しては 2 次式であったとしても，パラメータに関しては線形となっているので，この場合も線形モデルの一つである．直線モデルに戻ると，大きさ n の標本 $(x_1,y_1)',\ldots,(x_n,y_n)'$ では，$y_i=a+bx_i+e_i$ $(i=1,\ldots,n)$ となる．ここで，e_i は互いに独立で同一の $N(0,\sigma^2)$ に従う観測誤差を表す．このモデルでは，x は説明変数であり，x_i に誤差は含まれない．

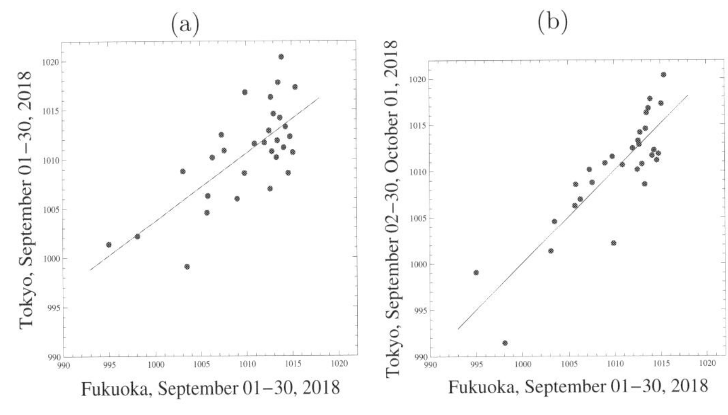

図 4.1 福岡と東京の日平均気圧の散布図と最尤法により推定された回帰直線．(a) 2018 年 9 月 1 日〜30 日の同日の気圧：相関係数 $r \approx 0.719$，回帰直線 $y = 312.064 + 0.692x$，(b) 9 月 1 日〜30 日の福岡と 1 日遅れでの東京（9 月 2 日〜30 日，10 月 1 日）の気圧：相関係数 $r \approx 0.857$，回帰直線 $y = -2.941 + 1.003x$（直線の傾きはほぼ 1 に等しい）．

パラメータ a, b, σ^2 の最尤推定値を求めるために尤度関数を書き下すと

$$L(a, b, \sigma^2) = \prod_{i=1}^{n} \left[\frac{1}{\sqrt{2\pi}\sigma} \, e^{-(y_i - a - bx_i)^2/(2\sigma^2)} \right]$$

だから，対数尤度関数は

$$\log L(a, b, \sigma^2) = -\frac{n}{2} \log(2\pi\sigma^2) - \frac{1}{2\sigma^2} \sum_{i=1}^{n} (y_i - a - bx_i)^2$$

となる．尤度方程式

$$\frac{\partial \log L(a, b, \sigma^2)}{\partial a} = 0, \quad \frac{\partial \log L(a, b, \sigma^2)}{\partial b} = 0, \quad \frac{\partial \log L(a, b, \sigma^2)}{\partial \sigma^2} = 0$$

から，a, b の最尤推定値 $\hat{a}, \hat{b}$ は

$$\hat{a} = \overline{y} - \hat{b}\overline{x}, \quad \hat{b} = \frac{S_{xy}}{S_x^2} = r \, \frac{S_y}{S_x}$$

で，σ^2 の最尤推定値 $\hat{\sigma}^2$ は

$$\hat{\sigma}^2 = \frac{1}{n} \sum_{i=1}^{n} (y_i - \hat{a} - \hat{b}x_i)^2 = S_y^2 \left(1 - \frac{S_{xy}^2}{S_x^2} \right) = (1 - r^2) S_y^2$$

で与えられることが分かる．r は相関係数を表す．しかし，線形モデルにおいて現れる r は，x_i は固定された数値，y_i は確率変数の観測値なので，形式的に Pearson の相関係数の形ではあるものの，2 変量確率ベクトル $(X, Y)'$ の観測値 $(x_i, y_i)'$ $(i = 1, \ldots, n)$ から求められる相関係数とは概念が異なる．

なお，誤差 e_i が正規分布に従うことの仮定を入れて a, b, σ^2 の最尤推定値を求めたが，誤差 e_i が正規分布に従うことの仮定なしに，誤差の 2 乗和

$$\sum_{i=1}^{n} e_i^2 = \sum_{i=1}^{n} (y_i - a - bx_i)^2$$

を最小にする方法（**最小二乗法** least squares method）で a, b の推定値を求めても，a, b に関する尤度方程式と同じ方程式を解くことに帰着されることから，a, b の最小二乗推定値は最尤推定値と同じ解となることは明らかであろう．

4.1.3 決定係数

観測値 y_i $(i = 1, \ldots, n)$ の予測値は $\hat{y}_i = \hat{a} + \hat{b}x_i$ であり，観測値と予測値の間の乖離が大きくなければ線形回帰モデルがデータによく適合していると判断するのは妥当と言える．このことから，y_i と $\hat{y}_i$ の間の Pearson の相関係数もしくは相関係数の 2 乗（**決定係数** coefficient of determination）を適合の程度を測る一つの指標とすることが考えられる．予測値 $\hat{y}_i$ $(i = 1, \ldots, n)$ の平均 $\overline{\hat{y}}$ は

$$\overline{\hat{y}} = \frac{1}{n} \sum_{i=1}^{n} \hat{y}_i = \hat{a} + \hat{b}\overline{x} \ (= \overline{y})$$

であって，y_i と $\hat{y}_i$ の間の共分散，y_i の分散，$\hat{y}_i$ の分散は，それぞれ，

$$\begin{aligned}
\frac{1}{n} \sum_{i=1}^{n} (y_i - \overline{y})(\hat{y}_i - \overline{\hat{y}}) &= \frac{1}{n} \sum_{i=1}^{n} (y_i - \overline{y})\{\hat{a} + \hat{b}x_i - (\hat{a} + \hat{b}\overline{x})\} \\
&= \hat{b}S_{xy} \ \left(= \frac{S_{xy}^2}{S_x^2} \right),
\end{aligned}$$

$$\frac{1}{n} \sum_{i=1}^{n} (y_i - \overline{y})^2 = S_y^2,$$

$$\frac{1}{n} \sum_{i=1}^{n} (\hat{y}_i - \overline{\hat{y}})^2 = \frac{1}{n} \sum_{i=1}^{n} \{\hat{a} + \hat{b}x_i - (\hat{a} + \hat{b}\overline{x})\}^2$$

$$= \hat{b}^2 S_x^2$$

となる．したがって，決定係数を R^2 とおくと，

$$R^2 = \frac{(\hat{b}S_{xy})^2}{S_y^2 \times \hat{b}^2 S_x^2} = \frac{S_{xy}^2}{S_x^2 S_y^2} = r^2$$

を得る．すなわち，決定係数は Pearson の相関係数の 2 乗に等しい．

4.1.4 線形モデル（説明変数 2 個の場合）

説明変数の個数 p の一般の線形モデルで述べることが可能ではあるが，ここでは相関係数の影響を理解する目的のために $p = 2$ の場合のモデル

$$y = a + b_1 x_1 + b_2 x_2$$

のみを扱う．この式は (x_1, x_2, y) の 3 軸からなる 3 次元空間における超平面を表す．定数 a, b_1, b_2 は**偏回帰係数** (partial regression coefficient) と呼ばれ，一般には未知で，a は超平面の y 軸における切片，b_1 と b_2 は x_1 軸と x_2 軸に関する直線の傾きを表す．データ (x_{1i}, x_{2i}, y_i) に対しては誤差 e_i $(i = 1, \ldots, n)$ を含んで

$$y_i = a + b_1 x_{1i} + b_2 x_{2i} + e_i \quad (i = 1, \ldots, n)$$

である．ここで，説明変数に対して $\sum_{i=1}^n x_{1i} = \sum_{i=1}^n x_{2i} = 0$ を仮定する．これには，一般の (x_{1i}, x_{2i}) につき $\overline{x}_1 = \sum_{i=1}^n x_{1i}/n$ と $\overline{x}_2 = \sum_{i=1}^n x_{2i}/n$ として，$x_{1i} - \overline{x}_1$ と $x_{2i} - \overline{x}_2$ をあらためて x_{1i} と x_{2i} とおけばよい．誤差 e_i は確率変数で，その平均と分散は

$$E(e_i) = 0, \quad \mathrm{Var}(e_i) = \sigma^2 \quad (i = 1, \ldots, n)$$

とし，$e_1, \ldots, e_n$ は無相関（$i \neq j$ に対し，$E(e_i e_j) = 0$）とする．ここで，σ^2 は一般には未知のパラメータである．

未知パラメータ (a, b_1, b_2) の最小二乗推定値 $(\hat{a}, \hat{b}_1, \hat{b}_2)$ は，誤差の 2 乗和を最小，すなわち，

$$\sum_{i=1}^n e_i^2 = \sum_{i=1}^n (y_i - a - b_1 x_{1i} - b_2 x_{2i})^2 \to \min_{a, b_1, b_2}$$

とすることにより得られる．これには，

$$\overline{y}=\frac{1}{n}\sum_{i=1}^{n}y_i,\quad S_{11}=\frac{1}{n}\sum_{i=1}^{n}x_{1i}^2,\quad S_{12}=\frac{1}{n}\sum_{i=1}^{n}x_{1i}x_{2i},$$

$$S_{22}=\frac{1}{n}\sum_{i=1}^{n}x_{2i}^2,\quad S_{1y}=\frac{1}{n}\sum_{i=1}^{n}x_{1i}y_i,\quad S_{2y}=\frac{1}{n}\sum_{i=1}^{n}x_{2i}y_i$$

の記法の下に，(a,b_1,b_2) を未知数とする連立方程式

$$\begin{cases}\dfrac{\partial}{\partial a}\displaystyle\sum_{i=1}^{n}e_i^2 &=& -2n(\overline{y}-a)=0\\ \dfrac{\partial}{\partial b_1}\displaystyle\sum_{i=1}^{n}e_i^2 &=& -2n(S_{1y}-b_1S_{11}-b_2S_{12})=0\\ \dfrac{\partial}{\partial b_2}\displaystyle\sum_{i=1}^{n}e_i^2 &=& -2n(S_{2y}-b_1S_{12}-b_2S_{22})=0\end{cases}$$

を解いて，

$$\hat{a}=\overline{y},\quad \hat{b}_1=\frac{S_{22}S_{1y}-S_{12}S_{2y}}{S_{11}S_{22}-S_{12}^2},\quad \hat{b}_2=\frac{S_{11}S_{2y}-S_{12}S_{1y}}{S_{11}S_{22}-S_{12}^2}$$

と求められる．$\hat{b}_1$ と $\hat{b}_2$ を変形すると，

$$\hat{b}_1=\frac{r_{1y}-r_{12}r_{2y}}{1-r_{12}^2}\sqrt{\frac{S_{yy}}{S_{11}}},\quad \hat{b}_2=\frac{r_{2y}-r_{12}r_{1y}}{1-r_{12}^2}\sqrt{\frac{S_{yy}}{S_{22}}}$$

と書くことができる．ここで，$S_{yy}=\sum_{i=1}^{n}(y_i-\overline{y})^2/n$ であり，また，r_{12},r_{1y},r_{2y} は，それぞれ，(x_{1i},x_{2i})，(x_{1i},y_i) および (x_{2i},y_i) の Pearson の相関係数（の形），すなわち，

$$r_{12}=\frac{S_{12}}{\sqrt{S_{11}S_{22}}},\quad r_{1y}=\frac{S_{1y}}{\sqrt{S_{11}S_{yy}}},\quad r_{2y}=\frac{S_{2y}}{\sqrt{S_{22}S_{yy}}}$$

を表す．$\hat{b}_1$ の符号は $r_{1y}-r_{12}r_{2y}$ の符号に一致する．$r_{2y}>0$ とするとき，$r_{1y}>0$ であっても r_{12} が 1 に近いときには $r_{1y}-r_{12}r_{2y}<0$ が起こりやすくなり，したがってこのとき $\hat{b}_1$ は負の値になりやすいことが分かる．また，$\hat{b}_2$ の符号は $r_{2y}-r_{12}r_{1y}$ の符号に一致するので，$\hat{b}_2$ の符号についても類似のことが言える．

参考：直線モデルの下での相関係数の分布

直線モデル $y_i=a+bx+e_i$ $(i=1,\dots,n)$ において，x_i は固定された数値であって，y_i は確率変数であることを強調するために，

あらためて $Y_i = a + bx_i + e_i$ と書こう．ここで，a と b は未知のパラメータを表し，誤差 e_i は独立で，未知の分散 σ^2 を持つ同一の正規分布 $N(0, \sigma^2)$ に従うとする．いま問題とするところは，

$$\begin{pmatrix} x_1 \\ Y_1 \end{pmatrix}, \ldots, \begin{pmatrix} x_n \\ Y_n \end{pmatrix}$$

の相関係数

$$r_{xY} = \frac{\sum_{i=1}^n (x_i - \overline{x})(Y_i - \overline{Y})}{\sqrt{\sum_{i=1}^n (x_i - \overline{x})^2 \sum_{i=1}^n (Y_i - \overline{Y})^2}}$$

の分布を求めること (Hogben, 1968 [33]) である．ここで，$\overline{x} = \sum_{i=1}^n x_i/n$, $\overline{Y} = \sum_{i=1}^n Y_i/n$ を表す．

a と b の最尤推定量もしくは最小二乗推定量は $\sum_{i=1}^n e_i^2$ を a と b に関して最小にすることで得られる．その解 $\hat{a}$ と $\hat{b}$ は，

$$\hat{a} = \overline{Y} - \hat{b}\,\overline{x}, \quad \hat{b} = \frac{\sum_{i=1}^n x_i(Y_i - \overline{Y})}{\sum_{i=1}^n (x_i - \overline{x})^2} = \frac{\sum_{i=1}^n (x_i - \overline{x})(Y_i - \overline{Y})}{\sum_{i=1}^n (x_i - \overline{x})^2}$$

で与えられる．Y_i の予測量は $\hat{Y}_i = \hat{a} + \hat{b}x_i = \overline{Y} + \hat{b}(x_i - \overline{x})$ と表され，分解

$$\sum_{i=1}^n (Y_i - \overline{Y})^2 = \sum_{i=1}^n (\hat{Y}_i - \overline{Y})^2 + \sum_{i=1}^n (Y_i - \hat{Y}_i)^2$$

が成立ち，$\sum_{i=1}^n (Y_i - \overline{Y})^2/\sigma^2$ は自由度 $(n-1)$ のカイ二乗分布，$\sum_{i=1}^n (\hat{Y}_i - \overline{Y})^2/\sigma^2$ は自由度 1 のカイ二乗分布，$X^2 \equiv \sum_{i=1}^n (Y_i - \hat{Y}_i)^2/\sigma^2$ は自由度 $(n-2)$ のカイ二乗分布にそれぞれ従い，$\sum_{i=1}^n (\hat{Y}_i - \overline{Y})^2$ と $\sum_{i=1}^n (Y_i - \hat{Y}_i)^2$ は独立であることが知られている．したがって，

$$W \equiv \frac{\sum_{i=1}^n (x_i - \overline{x})(Y_i - \overline{Y})}{\sigma\sqrt{\sum_{i=1}^n (x_i - \overline{x})^2}} \quad \left(= \frac{\sum_{i=1}^n (x_i - \overline{x})Y_i}{\sigma\sqrt{\sum_{i=1}^n (x_i - \overline{x})^2}} \right)$$

と定義すると，$\sum_{i=1}^n (\hat{Y}_i - \overline{Y})^2 = \sigma^2 W^2$ から W と X^2 は独立で，Y_i は平均 $a + bx_i$ で分散 σ^2 の正規分布 $N(a + bx_i, \sigma^2)$ に従うことから，W は平均 $\theta = (b/\sigma)\sqrt{\sum_{i=1}^n (x_i - \overline{x})^2}$ で分散 1 の正規分布 $N(\theta, 1)$ に従うことが分かる．

相関係数 r_{xY} は，W と X^2 を使って，

$$r_{xY} = \frac{\sum_{i=1}^{n}(x_i - \overline{x})(Y_i - \overline{Y})}{\sqrt{\sum_{i=1}^{n}(x_i - \overline{x})^2 \sum_{i=1}^{n}(Y_i - \overline{Y})^2}} = \frac{W}{\sqrt{W^2 + X^2}}$$

と表現でき，r_{xY} の確率密度関数は，W と X^2（独立）の分布が分かっているから計算できる[3)]．Hogben *et al.* (1964) [34] の Q 分布の用語を用いるならば，自由度 $(n-2)$，非心度 θ の Q 分布に従う，ということになる．区間 $(-1, 1)$ 上の r_{xY} の確率密度関数は

$$f_{xY}(r) = \frac{e^{-\theta^2/2}(1-r^2)^{(n-4)/2}}{\sqrt{\pi}\,\Gamma((n-2)/2)} \sum_{j=0}^{\infty} \frac{\Gamma((n-1+j)/2)}{j!}\,(\sqrt{2}\,r\theta)^j$$

で与えられる．特に $\theta = 0$ $(b = 0)$ のとき，

$$f_{xY}(r) = \frac{1}{B(1/2, (n-2)/2)}\,(1-r^2)^{(n-4)/2} = f_0(r)$$

と第3.1.2項の $f_0(r)$ に一致する．なお，$T = \sqrt{n-2}\,r_{xY}/\sqrt{1-r_{xY}^2} = W/\sqrt{X^2/(n-2)}$ は自由度 $(n-2)$，非心度 θ の非心 t 分布に従う．その確率密度関数は

$$f_T(t) = \frac{e^{-\theta^2/2}}{\sqrt{\pi(n-2)}\,\Gamma((n-2)/2)} \times \sum_{j=0}^{\infty} \frac{\Gamma((n-1+j)/2)}{\{1+t^2/(n-2)\}^{(n-1+j)/2} j!} \left(\frac{\sqrt{2}\theta t}{\sqrt{n-2}}\right)^j \quad (-\infty < t < \infty)$$

となる．特に $\theta = 0$ $(b = 0)$ のとき，

$$f(t) = \frac{1}{\sqrt{n-2}\,B(1/2, (n-2)/2)} \left(1 + \frac{t^2}{n-2}\right)^{-(n-1)/2}$$

と自由度 $(n-2)$ の t 分布を得る．

なお，つぎのことが注意される．第4.1.1項において，確率ベクトル $(X, Y)'$ が正規分布 $N_2(\mu_1, \mu_2, \sigma_1^2, \sigma_2^2, \rho)$ に従うとき，$X = x$ が与えられたときの Y の条件付き分布は $N(a+bx, \xi^2)$ となることを述べた．ここで，$a = \mu_2 - \rho(\sigma_2/\sigma_1)\mu_1$，$b = \rho(\sigma_2/\sigma_1)$，$\xi^2 = (1-\rho^2)\sigma_2^2$ を表す．したがって，$X = x$ が与えられたときの Y は，e を $N(0, \xi^2)$ に従う確率変数として，$Y = a + bx + e$ と表現できる．$N_2(\mu_1, \mu_2, \sigma_1^2, \sigma_2^2, \rho)$ のランダム標本 $(X_1, Y_1)', \ldots, (X_n, Y_n)'$ から相関係数 r_{XY} の分布を求めるのに，$X_1 = x_1, \ldots, X_n = x_n$ が与え

3) W と X^2 の結合確率密度関数から出発し，変換 $r_{xY} = W/\sqrt{W^2+X^2}$，$S = X^2$ の逆変換 $w = \sqrt{s}\,r/\sqrt{1-r^2}$，$x^2 = s$ から r_{xY} と S の結合確率密度関数を求め，その後で r_{xY} の周辺確率密度関数を計算すればよい．

られたときの相関係数 r_{xY} の分布を用いる導出法は竹内 (1963) [12] に紹介されている．

4.2 重相関係数

4.2.1 母集団重相関係数

$p\ (\geq 2)$ 変量の確率ベクトル $\boldsymbol{X} = (X_1, X_2, \ldots, X_p)'$ を $\boldsymbol{X} = (X_1, \boldsymbol{X}_2')'$ と分割する．ここで，$\boldsymbol{X}_2$ は $(p-1)$ 変量の確率ベクトル $\boldsymbol{X}_2 = (X_2, \ldots, X_p)'$ を表す．$\boldsymbol{X}$ の平均ベクトル $\boldsymbol{\mu} = E(\boldsymbol{X})\ (p \times 1)$ と分散共分散行列 $\Sigma = \mathrm{Cov}(\boldsymbol{X}) = E[(\boldsymbol{X}-\boldsymbol{\mu})(\boldsymbol{X}-\boldsymbol{\mu})']\ (p \times p;\ \Sigma > O)$ を，確率ベクトル $\boldsymbol{X}$ の分割に対応して，

$$\boldsymbol{\mu} = \begin{pmatrix} \mu_1 \\ \boldsymbol{\mu}_2 \end{pmatrix}, \quad \Sigma = \begin{pmatrix} \sigma_{11} & \boldsymbol{\sigma}_{12}' \\ \boldsymbol{\sigma}_{12} & \Sigma_{22} \end{pmatrix}$$

と分割する．ここで，μ_1 は X_1 の平均 $E(X_1)$，$\boldsymbol{\mu}_2 = (\mu_2, \ldots, \mu_p)'$ は $\boldsymbol{X}_2$ の平均ベクトル $E(\boldsymbol{X}_2)$，σ_{11} は X_1 の分散 $\mathrm{Var}(X_1)$，$\boldsymbol{\sigma}_{12}$ と Σ_{22} は，それぞれ，X_1 と $\boldsymbol{X}_2$ の間の $(p-1) \times 1$ 共分散ベクトル $\mathrm{Cov}(X_1, \boldsymbol{X}_2)$，$\boldsymbol{X}_2$ の $(p-1) \times (p-1)$ 分散共分散行列 $\mathrm{Cov}(\boldsymbol{X}_2)$，すなわち，

$$\boldsymbol{\sigma}_{12} = \mathrm{Cov}(X_1, \boldsymbol{X}_2) = (\sigma_{12}, \ldots, \sigma_{1p})',$$

$$\Sigma_{22} = \mathrm{Cov}(\boldsymbol{X}_2) = \begin{pmatrix} \sigma_{22} & \cdots & \sigma_{2p} \\ \vdots & \ddots & \vdots \\ \sigma_{p2} & \cdots & \sigma_{pp} \end{pmatrix}$$

を表す．σ_{1j} は X_1 と $X_j\ (j = 2, \ldots, p)$ の間の共分散 $\mathrm{Cov}(X_1, X_j)$，$\sigma_{jj}\ (j = 2, \ldots, p)$ は X_j の分散 $\mathrm{Var}(X_j)$，$\sigma_{jk}\ (j, k = 2, \ldots, p; j \neq k)$ は X_j と X_k の間の共分散 $\mathrm{Cov}(X_j, X_k)$ である．

以上の記法の下に，X_1 と $\sum_{j=2}^{p} a_j X_j = \boldsymbol{a}'\boldsymbol{X}_2$（$X_2, \ldots, X_p$ の一次結合；$\boldsymbol{a} = (a_2, \ldots, a_p)'$ は定数ベクトル）の間の相関係数 $\mathrm{Corr}(X_1, \boldsymbol{a}'\boldsymbol{X}_2)$ を $\boldsymbol{a}$ に関して最大化することを考える．相関係数 $\mathrm{Corr}(X_1, \boldsymbol{a}'\boldsymbol{X}_2)$ は

$$\mathrm{Corr}(X_1, \boldsymbol{a}'\boldsymbol{X}_2) = \frac{\boldsymbol{a}'\boldsymbol{\sigma}_{12}}{\sqrt{\sigma_{11}(\boldsymbol{a}'\Sigma_{22}\boldsymbol{a})}}$$

と計算 ($\mathrm{Cov}(X_1, \boldsymbol{a}'\boldsymbol{X}_2) = \boldsymbol{a}'\boldsymbol{\sigma}_{12}, \mathrm{Var}(X_1) = \sigma_{11}, \mathrm{Var}(\boldsymbol{a}'\boldsymbol{X}_2) = \boldsymbol{a}'\Sigma_{22}\boldsymbol{a}$) され，その最大値は

$$\rho_{1(23\cdots p)} = \sqrt{\frac{\boldsymbol{\sigma}'_{12}\Sigma_{22}^{-1}\boldsymbol{\sigma}_{12}}{\sigma_{11}}} = \sqrt{1 - \frac{|\Sigma|}{\sigma_{11}|\Sigma_{22}|}} = \sqrt{1 - \frac{|P|}{|P_{22}|}}$$

で与えられる．ここで，P は Σ に対応する相関行列で，P_{22} は Σ_{22} に対応する相関行列を表す．値 $\rho_{1(23\cdots p)}$ $(0 \leq \rho_{1(23\cdots p)} \leq 1)$ は**重相関係数** (multiple correlation coefficient) と呼ばれる．$\rho_{1(23\cdots p)} = 0$ は $\boldsymbol{\sigma}_{12} = \boldsymbol{0}$ のときでそのときに限る．

特別に，$p = 2$ の場合，確率ベクトル $(X_1, X_2)'$ に対し，平均ベクトルと分散共分散行列を，それぞれ，

$$\boldsymbol{\mu} = \begin{pmatrix} \mu_1 \\ \mu_2 \end{pmatrix}, \quad \Sigma = \begin{pmatrix} \sigma_{11} & \sigma_{12} \\ \sigma_{12} & \sigma_{22} \end{pmatrix}$$

とする．このとき，X_1 と aX_2（a は定数）の間の相関係数は

$$\mathrm{Corr}(X_1, aX_2) = \frac{a\sigma_{12}}{\sqrt{\sigma_{11}(a^2\sigma_{22})}} = \mathrm{sgn}(a)\frac{\sigma_{12}}{\sqrt{\sigma_{11}\sigma_{22}}}$$

となるので，重相関係数は X_1 と X_2 の間の相関係数の絶対値 $|\sigma_{12}|/\sqrt{\sigma_{11}\sigma_{22}} = |\rho_{12}|$ に他ならない．一般論（一般の p の場合）からは，$p = 2$ とすると重相関係数は

$$\rho_{1(2)} = \sqrt{\frac{\sigma_{12}\sigma_{22}^{-1}\sigma_{12}}{\sigma_{11}}} = \sqrt{\frac{\sigma_{12}^2}{\sigma_{11}\sigma_{22}}} = \sqrt{\rho_{12}^2}$$

と得られる．

$p = 3$ の場合は，確率ベクトル $(X_1, X_2, X_3)'$ の分散共分散行列

$$\Sigma = \begin{pmatrix} \sigma_{11} & \sigma_{12} & \sigma_{13} \\ \sigma_{21} & \sigma_{22} & \sigma_{23} \\ \sigma_{31} & \sigma_{32} & \sigma_{33} \end{pmatrix} = \begin{pmatrix} \sigma_{11} & \boldsymbol{\sigma}'_{12} \\ \boldsymbol{\sigma}_{12} & \Sigma_{22} \end{pmatrix},$$

$$\boldsymbol{\sigma}'_{12} = (\sigma_{12}\ \sigma_{13}), \quad \Sigma_{22} = \begin{pmatrix} \sigma_{22} & \sigma_{23} \\ \sigma_{32} & \sigma_{33} \end{pmatrix}$$

に対し，

$$\rho_{1(23)} = \sqrt{\frac{\boldsymbol{\sigma}'_{12}\Sigma_{22}^{-1}\boldsymbol{\sigma}_{12}}{\sigma_{11}}}$$

$$= \sqrt{\frac{\rho_{12}^2 - 2\rho_{12}\rho_{13}\rho_{23} + \rho_{13}^2}{1 - \rho_{23}^2}} = \sqrt{1 - \frac{|P|}{|P_{22}|}}$$

と書くことができる．ここで，$|P|$ は分散共分散行列 Σ に対応する相関行列

$$P = \begin{pmatrix} 1 & \rho_{12} & \rho_{13} \\ \rho_{21} & 1 & \rho_{23} \\ \rho_{31} & \rho_{32} & 1 \end{pmatrix}$$

の行列式 $|P| = 1 + 2\rho_{12}\rho_{13}\rho_{23} - \rho_{12}^2 - \rho_{13}^2 - \rho_{23}^2$ を表し，$|P_{22}|$ は P の $(1,1)$ 余因子

$$|P_{22}| = (-1)^{1+1} \begin{vmatrix} 1 & \rho_{23} \\ \rho_{32} & 1 \end{vmatrix} = 1 - \rho_{23}^2$$

を表す．

一般の p に対しても，

$$\rho_{1(23\cdots p)} = \sqrt{\frac{\boldsymbol{\sigma}_{12}' \Sigma_{22}^{-1} \boldsymbol{\sigma}_{12}}{\sigma_{11}}} = \sqrt{1 - \frac{|P|}{|P_{22}|}}$$

と書くことができる．ここで，$|P|$ は分散共分散行列 Σ $(p \times p)$ に対応する相関行列

$$P = \begin{pmatrix} 1 & \boldsymbol{\rho}_{12}' \\ \boldsymbol{\rho}_{12} & P_{22} \end{pmatrix}$$

の行列式で，$|P_{22}|$ は P の $(1,1)$ 余因子を表す．

補足：一般の p において，重相関係数を求めるための計算は以下のようになされる．X_1 と $\boldsymbol{a}'\boldsymbol{X}_2$ の間の共分散は，それぞれの平均が $E(X_1) = \mu_1$ と $E(\boldsymbol{a}'\boldsymbol{X}_2) = \boldsymbol{a}'\boldsymbol{\mu}_2$ であることから，

$$\mathrm{Cov}(X_1, \boldsymbol{a}'\boldsymbol{X}_2) = \boldsymbol{a}'\mathrm{Cov}(X_1, \boldsymbol{X}_2) = \boldsymbol{a}'\boldsymbol{\sigma}_{\mathbf{12}}$$

および

$$\mathrm{Var}(\boldsymbol{a}'\boldsymbol{X}_2) = E[\boldsymbol{a}'(\boldsymbol{X}_2 - \boldsymbol{\mu}_2)(\boldsymbol{X}_2 - \boldsymbol{\mu}_2)'\boldsymbol{a}] = \boldsymbol{a}'\Sigma_{22}\boldsymbol{a}$$

となる．また，Schwarz の不等式から，

$$\{\mathrm{Corr}(X_1, \boldsymbol{a}'\boldsymbol{X}_2)\}^2 = \frac{(\boldsymbol{a}'\Sigma_{22}^{1/2}\Sigma_{22}^{-1/2}\boldsymbol{\sigma}_{12})^2}{\sigma_{11}(\boldsymbol{a}'\Sigma_{22}\boldsymbol{a})}$$

$$\leq \frac{(\boldsymbol{a}'\Sigma_{22}\boldsymbol{a})(\boldsymbol{\sigma}_{12}'\Sigma_{22}^{-1}\boldsymbol{\sigma}_{12})}{\sigma_{11}(\boldsymbol{a}'\Sigma_{22}\boldsymbol{a})}$$
$$= \frac{\boldsymbol{\sigma}_{12}'\Sigma_{22}^{-1}\boldsymbol{\sigma}_{12}}{\sigma_{11}}$$

を得る．等号は，$\lambda \neq 0$ に対して，$\boldsymbol{a} = \lambda\Sigma_{22}^{-1}\boldsymbol{\sigma}_{12}$ のときで，そのときに限る．結局，$\lambda > 0$ のときが $\mathrm{Corr}(X_1, \boldsymbol{a}'\boldsymbol{X}_2)$ の最大値 $\rho_{1(23\cdots p)}$ を与える．

なお，式の変形の途中で $\Sigma_{22}^{-1/2}$ を用いたが，その定義はつぎのようになされる．Σ_{22} は対称行列だから，適当な直交行列 Q が存在して $Q'\Sigma_{22}Q = \Lambda = \mathrm{diag}(\lambda_2, \ldots, \lambda_p)$ となるようにできる．右辺の $\mathrm{diag}(\lambda_2, \ldots, \lambda_\mathrm{p})$ は対角要素が Σ_{22} の固有値 λ_j $(> 0; j = 2, \ldots, p)$（各 λ_j は異なると仮定する）からなる対角行列を表す．$\Lambda^{1/2} \equiv \mathrm{diag}(\lambda_2^{1/2}, \ldots, \lambda_p^{1/2})$ と定義して，$\Sigma_{22} = Q\Lambda Q' = Q\Lambda^{1/2}(Q\Lambda^{1/2})'$ となるので，$\Sigma_{22}^{1/2} \equiv Q\Lambda^{1/2}$ と定義する．$\Sigma_{22}^{1/2}$ の逆行列は $\Sigma_{22}^{-1/2} = (Q\Lambda^{1/2})^{-1} = \Lambda^{-1/2}Q^{-1} = \Lambda^{-1/2}Q'$ である．

重相関係数

$$\rho_{1(23\cdots p)} = \sqrt{\frac{\boldsymbol{\sigma}_{12}'\Sigma_{22}^{-1}\boldsymbol{\sigma}_{12}}{\sigma_{11}}} = \sqrt{1 - \frac{|\Sigma|}{\sigma_{11}|\Sigma_{22}|}} = \sqrt{1 - \frac{|P|}{|P_{22}|}}$$

の表現は，つぎのように示される．まず，Σ $(p \times p)$ の行列式は，

$$|\Sigma| = \begin{vmatrix} \sigma_{11} & \boldsymbol{\sigma}_{12}' \\ \boldsymbol{\sigma}_{12} & \Sigma_{22} \end{vmatrix} = |\Sigma_{22}|(\sigma_{11} - \boldsymbol{\sigma}_{12}'\Sigma_{22}^{-1}\boldsymbol{\sigma}_{12})$$

より[4]，

$$\frac{\boldsymbol{\sigma}_{12}'\Sigma_{22}^{-1}\boldsymbol{\sigma}_{12}}{\sigma_{11}} = 1 - \frac{|\Sigma|}{\sigma_{11}|\Sigma_{22}|}$$

となる．さらに，

$$|\Sigma| = \sigma_{11}\cdots\sigma_{pp}\begin{vmatrix} 1 & \boldsymbol{\rho}_{12}' \\ \boldsymbol{\rho}_{12} & P_{22} \end{vmatrix} = \sigma_{11}\cdots\sigma_{pp}|P|,$$
$$|\Sigma_{22}| = \sigma_{22}\cdots\sigma_{pp}|P_{22}|$$

だから，

$$\rho_{1(23\cdots p)} = \sqrt{1 - \frac{|P|}{|P_{22}|}}$$

が言えた．

4) 一般に，$A : p \times p$，$B : p \times q$，$C : q \times p$，$D : q \times q$（逆行列存在を仮定）とすると，

$$\begin{vmatrix} A & B \\ C & D \end{vmatrix} = |D|\,|A - BD^{-1}C|$$

が成立つ．

4.2.2 標本重相関係数

大きさ n の p 変量ランダムベクトル $\boldsymbol{x}_1, \ldots, \boldsymbol{x}_n$ $(n > p \geq 2)$ に基づいて，平均ベクトル $\boldsymbol{\mu}$ と分散共分散行列 Σ の分布によらない不偏推定量を，それぞれ，

$$\overline{\boldsymbol{x}} = \frac{1}{n}\sum_{i=1}^{n}\boldsymbol{x}_i, \quad V = \frac{1}{n-1}\sum_{i=1}^{n}(\boldsymbol{x}_i - \overline{\boldsymbol{x}})(\boldsymbol{x}_i - \overline{\boldsymbol{x}})'$$

とおく．ここで，

$$\boldsymbol{x}_i = \begin{pmatrix} x_{i1} \\ x_{i2} \\ \vdots \\ x_{ip} \end{pmatrix} \ (i = 1, \ldots, n), \quad \overline{\boldsymbol{x}} = \begin{pmatrix} \overline{x}_1 \\ \overline{x}_2 \\ \vdots \\ \overline{x}_p \end{pmatrix},$$

$$\overline{x}_j = \frac{1}{n}\sum_{i=1}^{n} x_{ij} \ (j = 1, \ldots, p)$$

である．理論重相関係数におけるときのように，平均ベクトルと分散共分散行列の推定量を

$$\overline{\boldsymbol{x}} = \begin{pmatrix} \overline{x}_1 \\ \overline{\boldsymbol{x}}_2 \end{pmatrix}, \quad V = \begin{pmatrix} v_{11} & \boldsymbol{v}_{12}' \\ \boldsymbol{v}_{12} & V_{22} \end{pmatrix} = \frac{1}{n-1}\begin{pmatrix} s_{11} & \boldsymbol{s}_{12}' \\ \boldsymbol{s}_{12} & S_{22} \end{pmatrix}$$

と分割する．ここで，

$$\overline{\boldsymbol{x}}_2 = \begin{pmatrix} \overline{x}_2 \\ \vdots \\ \overline{x}_p \end{pmatrix}, \quad v_{11} = \frac{1}{n-1}\sum_{i=1}^{n}(x_{i1} - \overline{x}_1)^2 = \frac{1}{n-1}s_{11},$$

$$\boldsymbol{v}_{12} = \frac{1}{n-1}\begin{pmatrix} \sum_{i=1}^{n}(x_{i1} - \overline{x}_1)(x_{i2} - \overline{x}_2) \\ \vdots \\ \sum_{i=1}^{n}(x_{i1} - \overline{x}_1)(x_{ip} - \overline{x}_p) \end{pmatrix} = \frac{1}{n-1}\begin{pmatrix} s_{12} \\ \vdots \\ s_{1p} \end{pmatrix},$$

$$V_{22} = \frac{1}{n-1}\begin{pmatrix} s_{22} & \cdots & s_{2p} \\ \vdots & \ddots & \vdots \\ s_{2p} & \cdots & s_{pp} \end{pmatrix},$$

$$s_{jk} = \sum_{i=1}^{n}(x_{ij} - \overline{x}_j)(x_{ik} - \overline{x}_k) \quad (j, k = 2, \ldots, p)$$

を表す．そのとき，理論値におけるパラメータ $\sigma_{11}, \boldsymbol{\sigma}_{12}, \Sigma_{22}$ を推定量 $v_{11}, \boldsymbol{v}_{12}, V_{22}$ で置き換えて，重相関係数 $\rho_{1(23\cdots p)} = \sqrt{\boldsymbol{\sigma}'_{12}\Sigma_{22}^{-1}\boldsymbol{\sigma}_{12}/\sigma_{11}}$ の推定量

$$\hat{\rho}_{1(23\cdots p)} = \sqrt{\frac{\boldsymbol{v}'_{12}V_{22}^{-1}\boldsymbol{v}_{12}}{v_{11}}} = \sqrt{\frac{\boldsymbol{s}'_{12}S_{22}^{-1}\boldsymbol{s}_{12}}{s_{11}}}$$

を得る．特別に $p = 2$ のときは，

$$\hat{\rho}_{1(2)} = \frac{|v_{12}|}{\sqrt{v_{11}v_{22}}} = \frac{|s_{12}|}{\sqrt{s_{11}s_{22}}}$$

と，Pearson の相関係数の絶対値となる．

なお，一般の p の場合の理論重相関係数および標本重相関係数を相関行列および標本の相関行列を用いて，つぎのように表現することが可能である．実際，母相関行列および標本相関行列を

$$P = \begin{pmatrix} 1 & \boldsymbol{\rho}'_{12} \\ \boldsymbol{\rho}_{12} & P_{22} \end{pmatrix} \text{ および } R = \begin{pmatrix} 1 & \boldsymbol{r}'_{12} \\ \boldsymbol{r}_{12} & R_{22} \end{pmatrix}$$

と分割しておくと，$\rho_{1(23\cdots p)} = \sqrt{\boldsymbol{\rho}'_{12}P_{22}^{-1}\boldsymbol{\rho}_{12}}$ および $\hat{\rho}_{1(23\cdots p)} = \sqrt{\boldsymbol{r}'_{12}R_{22}^{-1}\boldsymbol{r}_{12}}$ となる．

4.3　正準相関係数

母集団正準相関係数：$(p + q)$ 変量の確率ベクトルを $\boldsymbol{Z} = (X_1, \ldots, X_p, Y_1, \ldots, Y_q)'$ とし，$\boldsymbol{Z}$ の平均ベクトルは $E(\boldsymbol{Z}) = \boldsymbol{\mu}$，分散共分散行列は $\mathrm{Cov}(\boldsymbol{Z}) = \Sigma\ (> O)$ とする．$\boldsymbol{X} = (X_1, \ldots, X_p)'$，$\boldsymbol{Y} = (Y_1, \ldots, Y_q)'$ とおき，$\boldsymbol{Z}$ を $\boldsymbol{Z} = (\boldsymbol{X}', \boldsymbol{Y}')'$ と分割する．一般性を失うことなく，$1 \leq p \leq q$ を仮定しておく．対応して，$\boldsymbol{\mu}$ と Σ を

$$\boldsymbol{\mu} = \begin{pmatrix} \boldsymbol{\mu}_1 \\ \boldsymbol{\mu}_2 \end{pmatrix}, \quad \Sigma = \begin{pmatrix} \Sigma_{11} & \Sigma_{12} \\ \Sigma_{21} & \Sigma_{22} \end{pmatrix}$$

と分割する．このとき，$\boldsymbol{X}$ の一次結合 $\boldsymbol{a}'\boldsymbol{X}$（$\boldsymbol{a} = (a_1, \ldots, a_p)'$；

a_j $(j=1,\ldots,p)$ は定数）と $\boldsymbol{Y}$ の一次結合 $\boldsymbol{b}'\boldsymbol{Y}$（$\boldsymbol{b}=(b_1,\ldots,b_q)'$；$b_j$ $(j=1,\ldots,q)$ は定数）の間の相関係数

$$\mathrm{Corr}(\boldsymbol{a}'\boldsymbol{X},\boldsymbol{b}'\boldsymbol{Y})=\frac{\boldsymbol{a}'\Sigma_{12}\boldsymbol{b}}{\sqrt{(\boldsymbol{a}'\Sigma_{11}\boldsymbol{a})(\boldsymbol{b}'\Sigma_{22}\boldsymbol{b})}}$$

を，$(\boldsymbol{a},\boldsymbol{b})$ に関して $\boldsymbol{a}'\Sigma_{11}\boldsymbol{a}=1$ と $\boldsymbol{b}'\Sigma_{22}\boldsymbol{b}=1$ の制約条件の下で（$\boldsymbol{a}$ のかわりに $c_1\boldsymbol{a}$，$\boldsymbol{b}$ のかわりに $c_2\boldsymbol{b}$（c_1,c_2 は定数）としても相関係数の値は変わらないので）最大化する．そのときの最大化された相関係数 ρ_1 は（第 1）**正準相関係数**[5] (canonical correlation coefficient) と呼ばれる．ρ_1^2 は $\Sigma_{11}^{-1}\Sigma_{12}\Sigma_{22}^{-1}\Sigma_{21}$ $(p\times p)$ の最大固有値として与えられる．

[5] 定義により，正準相関係数は X_j $(j=1,\ldots,p)$ と Y_k $(k=1,\ldots,q)$ の間の相関係数の絶対値より小さくはないことが分かる．また，正準相関係数が重相関係数の一般化となっていることは明らかであろう．

補足：正準相関係数の求め方は以下の通り．問題は，制約条件 $\boldsymbol{a}'\Sigma_{11}\boldsymbol{a}=1$ と $\boldsymbol{b}'\Sigma_{22}\boldsymbol{b}=1$ の下で目的関数 $\boldsymbol{a}'\Sigma_{12}\boldsymbol{b}$ を最大化するという制約条件付き最大化問題なので，**Lagrange の未定乗数法** (method of Lagrange multiplier) で解を求める．

Lagrange 乗数を λ_1,λ_2 とし，Lagrange 関数 L を

$$L=\boldsymbol{a}'\Sigma_{12}\boldsymbol{b}-\frac{1}{2}\lambda_1(\boldsymbol{a}'\Sigma_{11}\boldsymbol{a}-1)-\frac{1}{2}\lambda_2(\boldsymbol{b}'\Sigma_{22}\boldsymbol{b}-1)$$

とおき，両辺を $\boldsymbol{a}$ と $\boldsymbol{b}$ について微分すると，

$$\begin{cases}\dfrac{\partial L}{\partial \boldsymbol{a}}=\Sigma_{12}\boldsymbol{b}-\lambda_1\Sigma_{11}\boldsymbol{a}=\boldsymbol{0}\\[2ex]\dfrac{\partial L}{\partial \boldsymbol{b}}=\Sigma_{21}\boldsymbol{a}-\lambda_2\Sigma_{22}\boldsymbol{b}=\boldsymbol{0}\end{cases}$$

を得る．上の第 1 式に左から $\boldsymbol{a}'$ を乗じ，第 2 式に左から $\boldsymbol{b}'$ を乗じると，

$$\begin{cases}\boldsymbol{a}'\Sigma_{12}\boldsymbol{b}-\lambda_1\boldsymbol{a}'\Sigma_{11}\boldsymbol{a} &= 0\\ \boldsymbol{b}'\Sigma_{21}\boldsymbol{a}-\lambda_2\boldsymbol{b}'\Sigma_{22}\boldsymbol{b} &= 0\end{cases}$$

となり，制約条件から

$$\lambda_1=\lambda_2=\boldsymbol{a}'\Sigma_{12}\boldsymbol{b}\ (\equiv\rho)$$

となる．よって，Lagrange 乗数 $\lambda_1=\lambda_2\ (=\rho)$ は相関係数 $\boldsymbol{a}'\Sigma_{12}\boldsymbol{b}$ を最大にする値となることが分かった．

一方，式 $\Sigma_{21}\boldsymbol{a}-\rho\Sigma_{22}\boldsymbol{b}=\boldsymbol{0}$ において左から Σ_{22}^{-1} を乗じて $\Sigma_{22}^{-1}\Sigma_{21}\boldsymbol{a}-\rho\boldsymbol{b}=\boldsymbol{0}$ となるから，この式と式 $\Sigma_{12}\boldsymbol{b}-\rho\Sigma_{11}\boldsymbol{a}=\boldsymbol{0}$ か

ら $\boldsymbol{b}$ を消去して，

$$(\Sigma_{12}\Sigma_{22}^{-1}\Sigma_{21} - \rho^2\Sigma_{11})\boldsymbol{a} = \boldsymbol{0}$$

を得る．ρ^2 は，固有方程式

$$|\Sigma_{11}^{-1}\Sigma_{12}\Sigma_{22}^{-1}\Sigma_{21} - \rho^2 I_p| = 0$$

の解，すなわち，$p \times p$ 行列 $\Sigma_{11}^{-1}\Sigma_{12}\Sigma_{22}^{-1}\Sigma_{21}$ の固有値であり，$\boldsymbol{a}$ は固有値 ρ^2 に対応する固有ベクトルである．ここで，I_p は p 次の単位行列を表す．固有方程式を解いて，大きさの順に解 $\rho_1^2 \geq \cdots \geq \rho_p^2 \geq 0$ が得られ，ρ_1^2 は

$$\max_{\boldsymbol{a},\boldsymbol{b}} \{\mathrm{Corr}(\boldsymbol{a}'\boldsymbol{X}, \boldsymbol{b}'\boldsymbol{Y})\}^2 = \rho_1^2$$

となる．同様な計算により，方程式

$$(\Sigma_{21}\Sigma_{11}^{-1}\Sigma_{12} - \rho^2\Sigma_{22})\boldsymbol{b} = \boldsymbol{0}$$

が得られ，$\boldsymbol{b}$ は $q \times q$ 行列 $\Sigma_{22}^{-1}\Sigma_{21}\Sigma_{11}^{-1}\Sigma_{12}$ の固有値に対応する固有ベクトルである．

標本正準相関係数の 2 乗は，重相関係数のときと同じ様にして，$\Sigma_{11}, \Sigma_{12}, \Sigma_{21}, \Sigma_{22}$ をそれらの不偏推定量 $V_{11}, V_{12}, V_{21}, V_{22}$ で置き換えて，固有方程式 $|V_{11}^{-1}V_{12}V_{22}^{-1}V_{21} - \ell^2 I_p| = 0$ の最大固有値 ℓ_1^2 を求めればよい．標本正準相関係数は ℓ_1^2 の正の平方根として与えられる．

関数相関係数 (functional correlation)（たとえば，Wang *et al.* (2016) [70] 参照）は，正準相関係数を関数の場合へ直接的に拡張したときの相関係数と考えられる．二つの確率的関数 $X \in L^2(I_X)$ と $Y \in L^2(I_Y)$ に対し，第 1 正準相関は

$$\sup_{u \in L^2(I_X),\ v \in L^2(I_Y)} \mathrm{Corr}(\langle u, X\rangle, \langle v, Y\rangle)$$

$$= \sup_{u \in L^2(I_X),\ v \in L^2(I_Y)} \frac{\mathrm{Cov}(\langle u, X\rangle, \langle v, Y\rangle)}{\sqrt{\mathrm{Var}(\langle u, X\rangle)\mathrm{Var}(\langle v, Y\rangle)}}$$

によって定義される．ここで，$\langle \cdot, \cdot \rangle$ は $\langle f_1, f_2 \rangle = \int_I f_1(t) f_2(t) dt$ (f_1, $f_2 \in L^2(I)$) を表す．

4.4 偏相関係数

母集団偏相関係数：p ($\geq$ 3) 変量の確率ベクトル $\boldsymbol{X}$ を $\boldsymbol{X} = (X_1, X_2, \boldsymbol{X}_3')'$ と分割する．ここで，$\boldsymbol{X}_3 = (X_3, \ldots, X_p)'$ を表わす．このとき，偏相関は，$\boldsymbol{X}_3$ の影響による間接的な部分を除去した上で直接的に相関を評価しようとする考え方である．間接的な部分の影響の取り除き方は，$\boldsymbol{X}_3$ に基づいて X_1 と X_2 の「最良」な線形予測量 X_1^* と X_2^* をつくり，$(X_1 - X_1^*)$ と $(X_2 - X_2^*)$ のようにして $\boldsymbol{X}_3$ の影響を取り除くことにする[6]．そうして，$(X_1 - X_1^*)$ と $(X_2 - X_2^*)$ の間の相関係数を求める．この相関係数を $\boldsymbol{X}_3$ の影響を除去したときの X_1 と X_2 の間の**偏相関係数** (partial correlation coefficient) といい，$\rho_{12\cdot 3,\ldots,p}$ の記法を用いる．

6) 間接的な部分の影響は線形予測量に基づいて影響を取り除くので，非線形な影響までをも取り除いたわけでないことは注意を要する．

つぎに,「最良」な線形予測量の意味について述べる．まず, $\boldsymbol{X}_3$ に基づく X_1 の線形予測量 $L_1 = a + a_3X_3 + \cdots + a_pX_p = a + \boldsymbol{a}_3'\boldsymbol{X}_3$ ($\boldsymbol{a}_3 = (a_3, \ldots, a_p)'$) を考えて，その中で

$$E[(X_1 - L_1)^2] = E[(X_1 - a - \boldsymbol{a}_3'\boldsymbol{X}_3)^2] \to \min_{a, \boldsymbol{a}_3}$$

となるような a^* と $\boldsymbol{a}_3^*$ を求める．そして，$X_1^* = a^* + \boldsymbol{a}_3^{*'}\boldsymbol{X}_3$ を X_1 の「最良」な線形予測量とするものである．X_2 の「最良」な線形予測量についても同様で, X_2 の線形予測量 $L_2 = b + b_3X_3 + \cdots + b_pX_p = b + \boldsymbol{b}_3'\boldsymbol{X}_3$ ($\boldsymbol{b}_3 = (b_3, \ldots, b_p)'$) の中で $E[(X_2 - L_2)^2] \to \min_{b, \boldsymbol{b}_3}$ となるような b^* と $\boldsymbol{b}_3^*$ を用いて $X_2^* = b^* + \boldsymbol{b}_3^{*'}\boldsymbol{X}_3$ を X_2 の「最良」な線形予測量とする．

さて，$\boldsymbol{X}$ の平均ベクトル $\boldsymbol{\mu} = E(\boldsymbol{X})$ ($p \times 1$) と分散共分散行列 $\Sigma = \mathrm{Cov}(\boldsymbol{X})$ ($p \times p$; $\Sigma > O$) を，重相関係数のときに類似して，

$$\boldsymbol{\mu} = \begin{pmatrix} \mu_1 \\ \mu_2 \\ \boldsymbol{\mu}_3 \end{pmatrix}, \quad \Sigma = \begin{pmatrix} \sigma_{11} & \sigma_{12} & \boldsymbol{\sigma}_{13}' \\ \sigma_{12} & \sigma_{22} & \boldsymbol{\sigma}_{23}' \\ \boldsymbol{\sigma}_{13} & \boldsymbol{\sigma}_{23} & \Sigma_{33} \end{pmatrix}$$

と分割する．記法の意味は明らかであろう．そうすると，$E[(X_1 - L_1)^2]$ は,

$$\begin{aligned} E[(X_1 - L_1)^2] &= E[(X_1 - a - \boldsymbol{a}_3'\boldsymbol{X}_3)^2] \\ &= E[\{(X_1 - \mu_1) - \boldsymbol{a}_3'(\boldsymbol{X}_3 - \boldsymbol{\mu}_3) - (a - \mu_1 + \boldsymbol{a}_3'\boldsymbol{\mu}_3)\}^2] \end{aligned}$$

$$
\begin{aligned}
&= E[(X_1-\mu_1)^2 + \boldsymbol{a}_3'(\boldsymbol{X}_3-\boldsymbol{\mu}_3)(\boldsymbol{X}_3-\boldsymbol{\mu}_3)'\boldsymbol{a}_3 \\
&\quad +(a-\mu_1+\boldsymbol{a}_3'\boldsymbol{\mu}_3)^2 - 2\boldsymbol{a}_3'(X_1-\mu_1)(\boldsymbol{X}_3-\boldsymbol{\mu}_3) \\
&\quad -2(a-\mu_1+\boldsymbol{a}_3'\boldsymbol{\mu}_3)(X_1-\mu_1) \\
&\quad +2(a-\mu_1+\boldsymbol{a}_3'\boldsymbol{\mu}_3)\boldsymbol{a}_3'(\boldsymbol{X}_3-\boldsymbol{\mu}_3)] \\
&= \sigma_{11} + \boldsymbol{a}_3'\Sigma_{33}\boldsymbol{a}_3 + (a-\mu_1+\boldsymbol{a}_3'\boldsymbol{\mu}_3)^2 - 2\boldsymbol{a}_3'\boldsymbol{\sigma}_{13} \\
&= (\sigma_{11}-\boldsymbol{\sigma}_{13}'\Sigma_{33}^{-1}\boldsymbol{\sigma}_{13}) + (\boldsymbol{a}_3-\Sigma_{33}^{-1}\boldsymbol{\sigma}_{13})'\Sigma_{33}(\boldsymbol{a}_3-\Sigma_{33}^{-1}\boldsymbol{\sigma}_{13}) \\
&\quad +(a-\mu_1+\boldsymbol{a}_3'\boldsymbol{\mu}_3)^2
\end{aligned}
$$

であって，最後の式の 3 項とも非負だから，$a, \boldsymbol{a}_3$ に関して $E[(X_1 - L_1)^2] \to \min$ とするような $a^*, \boldsymbol{a}_3^*$ は

$$
\boldsymbol{a}_3^* = \Sigma_{33}^{-1}\boldsymbol{\sigma}_{13}, \quad a^* = \mu_1 - \boldsymbol{\sigma}_{13}'\Sigma_{33}^{-1}\boldsymbol{\mu}_3
$$

となり，最小値は $\sigma_{11} - \boldsymbol{\sigma}_{13}'\Sigma_{33}^{-1}\boldsymbol{\sigma}_{13}$ である．よって，$X_1^* = a^* + \boldsymbol{a}_3^{*'}\boldsymbol{X}_3 = \mu_1 + \boldsymbol{\sigma}_{13}'\Sigma_{33}^{-1}(\boldsymbol{X}_3-\boldsymbol{\mu}_3)$ を得る．同様にして，$E[(X_2 - L_2)^2] \to \min$ とするような b^* と $\boldsymbol{b}_3^*$ は

$$
\boldsymbol{b}_3^* = \Sigma_{33}^{-1}\boldsymbol{\sigma}_{23}, \quad b^* = \mu_2 - \boldsymbol{\sigma}_{23}'\Sigma_{33}^{-1}\boldsymbol{\mu}_3
$$

となり，$X_2^* = b^* + \boldsymbol{b}_3^{*'}\boldsymbol{X}_3 = \mu_2 + \boldsymbol{\sigma}_{23}'\Sigma_{33}^{-1}(\boldsymbol{X}_3-\boldsymbol{\mu}_3)$ を得る．

したがって，$(X_1 - X_1^*)$ と $(X_2 - X_2^*)$ の間の相関係数，すなわち，$\boldsymbol{X}_3$ の影響を除去したときの X_1 と X_2 の間の偏相関係数 $\rho_{12\cdot 3,\ldots,p}$ は，

$$
\begin{aligned}
\mathrm{Var}(X_j - X_j^*) &= \mathrm{Var}((X_j-\mu_j) - \boldsymbol{\sigma}_{j3}'\Sigma_{33}^{-1}(\boldsymbol{X}_3-\boldsymbol{\mu}_3)) \\
&= \sigma_{jj} - \boldsymbol{\sigma}_{j3}'\Sigma_{33}^{-1}\boldsymbol{\sigma}_{j3} \quad (j=1,2)
\end{aligned}
$$

と

$$
\mathrm{Cov}(X_1 - X_1^*, X_2 - X_2^*) = \sigma_{12} - \boldsymbol{\sigma}_{13}'\Sigma_{33}^{-1}\boldsymbol{\sigma}_{23}
$$

から，

$$
\begin{aligned}
\rho_{12\cdot 3,\ldots,p} &= \mathrm{Corr}(X_1 - X_1^*, X_2 - X_2^*) \\
&= \frac{\sigma_{12} - \boldsymbol{\sigma}_{13}'\Sigma_{33}^{-1}\boldsymbol{\sigma}_{23}}{\sqrt{(\sigma_{11} - \boldsymbol{\sigma}_{13}'\Sigma_{33}^{-1}\boldsymbol{\sigma}_{13})(\sigma_{22} - \boldsymbol{\sigma}_{23}'\Sigma_{33}^{-1}\boldsymbol{\sigma}_{23})}}
\end{aligned}
$$

と求められる．特別に $p = 3$ のときは，

$$\rho_{12\cdot 3} = \frac{\sigma_{12} - \sigma_{13}\sigma_{23}/\sigma_{33}}{\sqrt{(\sigma_{11} - \sigma_{13}^2/\sigma_{33})(\sigma_{22} - \sigma_{23}^2/\sigma_{33})}} = \frac{\rho_{12} - \rho_{13}\rho_{23}}{\sqrt{(1-\rho_{13}^2)(1-\rho_{23}^2)}}$$

となる[7]．ここで，ρ_{jk} $(1 \leq j < k \leq 3)$ は X_j と X_k の間の相関係数を表す．

なお，一般の p に対して，相関行列を

$$P = \begin{pmatrix} 1 & \rho_{12} & \boldsymbol{\rho}_{13}' \\ \rho_{12} & 1 & \boldsymbol{\rho}_{23}' \\ \boldsymbol{\rho}_{13} & \boldsymbol{\rho}_{23} & P_{33} \end{pmatrix}$$

と分割しておくと，母偏相関係数は

$$\rho_{12\cdot 3,\ldots,p} = \frac{\rho_{12} - \boldsymbol{\rho}_{13}' P_{33}^{-1} \boldsymbol{\rho}_{23}}{\sqrt{(1 - \boldsymbol{\rho}_{13}' P_{33}^{-1} \boldsymbol{\rho}_{13})(1 - \boldsymbol{\rho}_{23}' P_{33}^{-1} \boldsymbol{\rho}_{23})}}$$

と表現される．行列 P の逆行列 P^{-1} の j 行 k 列要素を p^{jk} と書くとき，偏相関係数は $p^{12}/\sqrt{p^{11}p^{22}}$ に (-1) をかけて，

$$-\frac{(-1)^{2+1}\begin{vmatrix} \rho_{12} & \boldsymbol{\rho}_{13}' \\ \boldsymbol{\rho}_{23} & P_{33} \end{vmatrix} / |P|}{\sqrt{\left\{(-1)^{1+1}\begin{vmatrix} 1 & \boldsymbol{\rho}_{23}' \\ \boldsymbol{\rho}_{23} & P_{33} \end{vmatrix} / |P|\right\}\left\{(-1)^{2+2}\begin{vmatrix} 1 & \boldsymbol{\rho}_{13}' \\ \boldsymbol{\rho}_{13} & P_{33} \end{vmatrix} / |P|\right\}}}$$

$$= \frac{\begin{vmatrix} \rho_{12} & \boldsymbol{\rho}_{13}' \\ \boldsymbol{\rho}_{23} & P_{33} \end{vmatrix}}{\sqrt{\begin{vmatrix} 1 & \boldsymbol{\rho}_{23}' \\ \boldsymbol{\rho}_{23} & P_{33} \end{vmatrix} \cdot \begin{vmatrix} 1 & \boldsymbol{\rho}_{13}' \\ \boldsymbol{\rho}_{13} & P_{33} \end{vmatrix}}}$$

$$= \frac{|P_{33}|(\rho_{12} - \boldsymbol{\rho}_{13}' P_{33}^{-1} \boldsymbol{\rho}_{23})}{\sqrt{|P_{33}|(1 - \boldsymbol{\rho}_{23}' P_{33}^{-1} \boldsymbol{\rho}_{23})|P_{33}|(1 - \boldsymbol{\rho}_{13}' P_{33}^{-1} \boldsymbol{\rho}_{13})}}$$

$$= \frac{\rho_{12} - \boldsymbol{\rho}_{13}' P_{33}^{-1} \boldsymbol{\rho}_{23}}{\sqrt{(1 - \boldsymbol{\rho}_{13}' P_{33}^{-1} \boldsymbol{\rho}_{13})(1 - \boldsymbol{\rho}_{23}' P_{33}^{-1} \boldsymbol{\rho}_{23})}}$$

のように計算される．

また，偏相関係数は

$$\rho_{12\cdot 3,\ldots,p} = \frac{\rho_{12} - \boldsymbol{\rho}_{13}' P_{33}^{-1} \boldsymbol{\rho}_{23}}{\sqrt{(1 - \rho_{1(3,\ldots,p)}^2)(1 - \rho_{2(3,\ldots,p)}^2)}}$$

7) 最終式から，たとえ相関係数が $\rho_{12} > 0$，$\rho_{13} > 0$，$\rho_{23} > 0$ であったとしても，$\rho_{12} < \rho_{13}\rho_{23}$ のときには偏相関係数 $\rho_{12\cdot 3}$ は代数的に $\rho_{12\cdot 3} < 0$ となることが分かる．後に述べる標本のさいにも同様なことが言えるのは明らかであろう．

と重相関係数の記法を用いて書くことができる．このことは，

$$
\Sigma = \left(\begin{array}{cc|c} \sigma_{11} & \sigma_{12} & \boldsymbol{\sigma}_{13}' \\ \sigma_{12} & \sigma_{22} & \boldsymbol{\sigma}_{23}' \\ \hline \boldsymbol{\sigma}_{13} & \boldsymbol{\sigma}_{23} & \Sigma_{33} \end{array}\right)
$$

$$
= \left(\begin{array}{cc|ccc} \sqrt{\sigma_{11}} & 0 & 0 & \mathbf{0}' & 0 \\ 0 & \sqrt{\sigma_{22}} & 0 & \mathbf{0}' & 0 \\ \hline 0 & 0 & \sqrt{\sigma_{33}} & \mathbf{0}' & 0 \\ \mathbf{0} & \mathbf{0} & \mathbf{0} & \ddots & \mathbf{0} \\ 0 & 0 & 0 & \mathbf{0}' & \sqrt{\sigma_{pp}} \end{array}\right)
$$

$$
\times \left(\begin{array}{cc|c} 1 & \rho_{12} & \boldsymbol{\rho}_{13}' \\ \rho_{12} & 1 & \boldsymbol{\rho}_{23}' \\ \hline \boldsymbol{\rho}_{13} & \boldsymbol{\rho}_{23} & P_{33} \end{array}\right)
$$

$$
\times \left(\begin{array}{cc|ccc} \sqrt{\sigma_{11}} & 0 & 0 & \mathbf{0}' & 0 \\ 0 & \sqrt{\sigma_{22}} & 0 & \mathbf{0}' & 0 \\ \hline 0 & 0 & \sqrt{\sigma_{33}} & \mathbf{0}' & 0 \\ \mathbf{0} & \mathbf{0} & \mathbf{0} & \ddots & \mathbf{0} \\ 0 & 0 & 0 & \mathbf{0}' & \sqrt{\sigma_{pp}} \end{array}\right)
$$

から分かる．

補足：確率ベクトル $\boldsymbol{X}_3 = (X_3, \ldots, X_p)'$ が与えられたときの確率変数 X_1 と X_2 の条件付き独立性に興味があるものとする．$\boldsymbol{X}_3$ が与えられたときの X_1 と X_2 の条件付き共分散は

$$
\mathrm{Cov}(X_1, X_2|\boldsymbol{X}_3) = E[\{X_1 - E(X_1|\boldsymbol{X}_3)\}\{X_2 - E(X_2|\boldsymbol{X}_3)\}|\boldsymbol{X}_3]
$$

によって定義される．X_j $(j = 1, 2)$ の条件付き分散 $\mathrm{Var}(X_j|\boldsymbol{X}_3)$ も類似に定義されるので，$\boldsymbol{X}_3 = (X_3, \ldots, X_p)'$ が与えられたときの X_1 と X_2 の間の**条件付き相関係数** (conditional correlation coefficient) は

$$
\mathrm{Corr}(X_1, X_2|\boldsymbol{X}_3) = \frac{\mathrm{Cov}(X_1, X_2|\boldsymbol{X}_3)}{\sqrt{\mathrm{Var}(X_1|\boldsymbol{X}_3)\mathrm{Var}(X_2|\boldsymbol{X}_3)}}
$$

によって定義される．

p 変量の確率ベクトル $\boldsymbol{X} = (X_1, X_2, \boldsymbol{X}_3')' = (X_1, X_2, X_3, \ldots, X_p)'$ が p 変量正規分布 $N_p(\boldsymbol{\mu}, \Sigma)$ に従うときには，$\boldsymbol{X}_3$ が与えられたと

きの $(X_1, X_2)'$ の条件付き分布は，平均ベクトル

$$\begin{pmatrix} \mu_1 + \boldsymbol{\sigma}_{13}'\Sigma_{33}^{-1}(\boldsymbol{X}_3 - \boldsymbol{\mu}_3) \\ \mu_2 + \boldsymbol{\sigma}_{23}'\Sigma_{33}^{-1}(\boldsymbol{X}_3 - \boldsymbol{\mu}_3) \end{pmatrix}$$

と分散共分散行列

$$\begin{aligned} &\begin{pmatrix} \sigma_{11} & \sigma_{12} \\ \sigma_{12} & \sigma_{22} \end{pmatrix} - \begin{pmatrix} \boldsymbol{\sigma}_{13}' \\ \boldsymbol{\sigma}_{23}' \end{pmatrix} \Sigma_{33}^{-1}(\boldsymbol{\sigma}_{13}, \boldsymbol{\sigma}_{23}) \\ &= \begin{pmatrix} \sigma_{11} - \boldsymbol{\sigma}_{13}'\Sigma_{33}^{-1}\boldsymbol{\sigma}_{13} & \sigma_{12} - \boldsymbol{\sigma}_{13}'\Sigma_{33}^{-1}\boldsymbol{\sigma}_{23} \\ \sigma_{12} - \boldsymbol{\sigma}_{23}'\Sigma_{33}^{-1}\boldsymbol{\sigma}_{13} & \sigma_{22} - \boldsymbol{\sigma}_{23}'\Sigma_{33}^{-1}\boldsymbol{\sigma}_{23} \end{pmatrix} \end{aligned}$$

を持つ 2 変量正規分布だから，X_1 と X_2 の間の条件付き相関係数は，直接的に

$$\rho_{12\cdot 3,\ldots,p} = \frac{\sigma_{12} - \boldsymbol{\sigma}_{13}'\Sigma_{33}^{-1}\boldsymbol{\sigma}_{23}}{\sqrt{(\sigma_{11} - \boldsymbol{\sigma}_{13}'\Sigma_{33}^{-1}\boldsymbol{\sigma}_{13})(\sigma_{22} - \boldsymbol{\sigma}_{23}'\Sigma_{33}^{-1}\boldsymbol{\sigma}_{23})}}$$

と得られる．したがって，正規分布の下では，条件付き相関係数は偏相関係数に一致する．しかし，一般的にはこの限りでない[8]．

[8] 条件付き相関係数に興味のある読者は，たとえば, Baba *et al.* (2004) [21] や柴田 (2015) [8] を見られたい．

標本偏相関係数：標本重相関係数のときに類似して，

$$\overline{\boldsymbol{x}} = \begin{pmatrix} \overline{x}_1 \\ \overline{x}_2 \\ \overline{\boldsymbol{x}}_3 \end{pmatrix},$$

$$V = \begin{pmatrix} v_{11} & v_{12} & \boldsymbol{v}_{13}' \\ v_{12} & v_{22} & \boldsymbol{v}_{23}' \\ \boldsymbol{v}_{13} & \boldsymbol{v}_{23} & V_{33} \end{pmatrix} = \frac{1}{n-1} \begin{pmatrix} s_{11} & s_{12} & \boldsymbol{s}_{13}' \\ s_{12} & s_{22} & \boldsymbol{s}_{23}' \\ \boldsymbol{s}_{13} & \boldsymbol{s}_{23} & S_{33} \end{pmatrix}$$

と分割する．記法の意味は明白であろう．X_1 と X_2 の最良線形予測量 X_1^* と X_2^* の中のパラメータ $\mu_1, \mu_2, \boldsymbol{\mu}_3, \sigma_{11}, \sigma_{12}, \sigma_{22}, \boldsymbol{\sigma}_{13}, \boldsymbol{\sigma}_{23}, \Sigma_{33}$ を分布によらない不偏推定量 $\overline{x}_1, \overline{x}_2, \overline{\boldsymbol{x}}_3, v_{11}, v_{12}, v_{22}, \boldsymbol{v}_{13}, \boldsymbol{v}_{23}, V_{33}$ で置き換えて，偏相関係数 $\rho_{12\cdot 3,\ldots,p}$ の推定量

$$\begin{aligned} \hat{\rho}_{12\cdot 3,\ldots,p} &= \frac{v_{12} - \boldsymbol{v}_{13}'V_{33}^{-1}\boldsymbol{v}_{23}}{\sqrt{(v_{11} - \boldsymbol{v}_{13}'V_{33}^{-1}\boldsymbol{v}_{13})(v_{22} - \boldsymbol{v}_{23}'V_{33}^{-1}\boldsymbol{v}_{23})}} \\ &= \frac{s_{12} - \boldsymbol{s}_{13}'S_{33}^{-1}\boldsymbol{s}_{23}}{\sqrt{(s_{11} - \boldsymbol{s}_{13}'S_{33}^{-1}\boldsymbol{s}_{13})(s_{22} - \boldsymbol{s}_{23}'S_{33}^{-1}\boldsymbol{s}_{23})}} \end{aligned}$$

を得る．特別に $p=3$ のときは，

$$\hat{\rho}_{12\cdot 3} = \frac{v_{12} - v_{13}v_{23}/v_{33}}{\sqrt{(v_{11} - v_{13}^2/v_{33})(v_{22} - v_{23}^2/v_{33})}} = \frac{r_{12} - r_{13}r_{23}}{\sqrt{(1-r_{13}^2)(1-r_{23}^2)}}$$

となる．ここで，r_{jk} $(1 \le j < k \le 3)$ は $(x_{ij}, x_{ik})'$ $(i=1,\ldots,n)$ の Pearson の相関係数を表す．

なお，一般の p に対して，標本相関行列を

$$R = \begin{pmatrix} 1 & r_{12} & \boldsymbol{r}_{13}' \\ r_{12} & 1 & \boldsymbol{r}_{23}' \\ \boldsymbol{r}_{13} & \boldsymbol{r}_{23} & R_{33} \end{pmatrix}$$

と分割しておくと，標本偏相関係数は

$$\begin{aligned} \hat{\rho}_{12\cdot 3,\ldots,p} &= \frac{r_{12} - \boldsymbol{r}_{13}' R_{33}^{-1} \boldsymbol{r}_{23}}{\sqrt{(1 - \boldsymbol{r}_{13}' R_{33}^{-1} \boldsymbol{r}_{13})(1 - \boldsymbol{r}_{23}' R_{33}^{-1} \boldsymbol{r}_{23})}} \\ &= \frac{r_{12} - \boldsymbol{r}_{13}' R_{33}^{-1} \boldsymbol{r}_{23}}{\sqrt{(1 - \hat{\rho}_{1(3,\ldots,p)}^2)(1 - \hat{\rho}_{2(3,\ldots,p)}^2)}} \end{aligned}$$

と表現される．最後の式では標本重相関係数の記法を用いている．

4.5 distance 相関

Székely *et al.* (2007) [67] によって導入された **distance 相関** (distance correlation) は，つぎのように計算される．

実確率ベクトルの組 $(\boldsymbol{X}, \boldsymbol{Y})$ からのデータを $(\boldsymbol{x}_1, \boldsymbol{y}_1), \ldots, (\boldsymbol{x}_n, \boldsymbol{y}_n)$ とする．$\boldsymbol{X}$ と $\boldsymbol{Y}$ の次元は異なっていても構わない．$\boldsymbol{X}$ と $\boldsymbol{Y}$ のそれぞれのデータから距離

$$a_{j,k} = \|\boldsymbol{x}_j - \boldsymbol{x}_k\|, \quad b_{j,k} = \|\boldsymbol{y}_j - \boldsymbol{y}_k\| \quad (j,k = 1,\ldots,n)$$

を計算し，$n \times n$ 距離行列 $(a_{j,k})$ と $(b_{j,k})$ をつくる．ここで，$\|\cdot\|$ はユークリッドノルムを表す．そうして，

$$A_{j,k} = a_{j,k} - \bar{a}_{j\cdot} - \bar{a}_{\cdot k} + \bar{a}_{\cdot\cdot}, \quad B_{j,k} = b_{j,k} - \bar{b}_{j\cdot} - \bar{b}_{\cdot k} + \bar{b}_{\cdot\cdot}$$

とおく．ここで，$\bar{a}_{j\cdot}$ $(j = 1,\ldots,n)$ は距離行列の第 j 行平均，

$\bar{b}_{\cdot k}$ $(k = 1, \ldots, n)$ は第 k 列平均，$\bar{a}_{\cdot\cdot}$ と $\bar{b}_{\cdot\cdot}$ は全平均である．すなわち，

$$\bar{a}_{j\cdot} = \frac{1}{n}\sum_{k=1}^{n} a_{j,k}, \quad \bar{b}_{\cdot k} = \frac{1}{n}\sum_{j=1}^{n} b_{j,k},$$
$$\bar{a}_{\cdot\cdot} = \frac{1}{n^2}\sum_{k=1}^{n}\sum_{j=1}^{n} a_{j,k}, \quad \bar{b}_{\cdot\cdot} = \frac{1}{n^2}\sum_{k=1}^{n}\sum_{j=1}^{n} b_{j,k}$$

を表す．

データの distance 相関 $\mathrm{dCorr}_n(\boldsymbol{x}, \boldsymbol{y})$ は，

$$\mathrm{dCov}_n^2(\boldsymbol{x}, \boldsymbol{y}) = \frac{1}{n^2}\sum_{k=1}^{n}\sum_{j=1}^{n} A_{j,k}B_{j,k} \ ,$$

$$\mathrm{dVar}_n^2(\boldsymbol{x}) = \frac{1}{n^2}\sum_{k=1}^{n}\sum_{j=1}^{n} A_{j,k}^2 \ , \quad \mathrm{dVar}_n^2(\boldsymbol{y}) = \frac{1}{n^2}\sum_{k=1}^{n}\sum_{j=1}^{n} B_{j,k}^2$$

の記法の下に，

$$\mathrm{dCorr}_n(\boldsymbol{x}, \boldsymbol{y}) = \frac{\mathrm{dCov}_n(\boldsymbol{x}, \boldsymbol{y})}{\sqrt{\mathrm{dVar}_n(\boldsymbol{x})\mathrm{dVar}_n(\boldsymbol{y})}}$$

で定義される．相関係数と異なり，$0 \leq \mathrm{dCorr}_n(\boldsymbol{x}, \boldsymbol{y}) \leq 1$ であり，distance 相関は負の値を取らない．母集団の場合の $\boldsymbol{X}$ と $\boldsymbol{Y}$ の間の distance 相関はデータの場合に類似して定義される．distance 相関が 0 となるのは，$\boldsymbol{X}$ と $\boldsymbol{Y}$ が独立のときでそのときに限る．

なお，時系列への distance 相関の応用は Davis *et al.* (2018) [27] に見ることができる．

4.6 分割表における相関係数

4.6.1 バイシリアル相関係数

大きさ n の組標本 $(x_1, y_1)', \ldots, (x_n, y_n)'$ が

$$\begin{pmatrix} x_1 \\ a \end{pmatrix}, \ldots, \begin{pmatrix} x_{n_1} \\ a \end{pmatrix}, \begin{pmatrix} x_{n_1+1} \\ b \end{pmatrix}, \ldots, \begin{pmatrix} x_n \\ b \end{pmatrix}$$

のように，y に関しては，$y < 0$ のとき a，$y \geq 0$ のとき $b\ (> a)$ の 2

値のみを取るようにした場合を考えてみよう．この標本の Pearson の相関係数 r_{pb} は，

$$\overline{x}_1 = \frac{1}{n_1}\sum_{i=1}^{n_1} x_i, \quad \overline{x}_2 = \frac{1}{n_2}\sum_{i=n_1+1}^{n} x_i \quad (n_2 = n - n_1),$$

$$\overline{x} = \frac{1}{n}\sum_{i=1}^{n} x_i, \quad s_x^2 = \frac{1}{n}\sum_{i=1}^{n}(x_i - \overline{x})^2, \quad s_x = \sqrt{s_x^2}$$

とおくとき，

$$r_{pb} = \frac{\sqrt{n_1 n_2}\,(\overline{x}_2 - \overline{x}_1)}{n s_x}$$

と a と b に無関係な値になる．2 変数のうち一方が 2 値のみを取る場合の相関係数は，**点双列** (point-biserial) **相関係数**と呼ばれる．

点双列相関係数の理論的根拠の一つの説明は，つぎのようである．すなわち，y を 2 値変数とし，

$$\Pr(y = 0) = 1 - p \quad (0 < p < 1), \quad \Pr(y = 1) = p$$

とすると，y の平均は $E(y) = p$，分散は $\mathrm{Var}(y) = p(1-p)$ なので，

$$\rho_{pb} = \mathrm{Corr}(x, y) = \frac{E(xy) - pE(x)}{\sigma_x\{p(1-p)\}^{1/2}}$$

となる．ここで，σ_x は x の標準偏差を表す．標本

$$\begin{pmatrix} x_1 \\ 0 \end{pmatrix}, \ldots, \begin{pmatrix} x_{n_1} \\ 0 \end{pmatrix}, \begin{pmatrix} x_{n_1+1} \\ 1 \end{pmatrix}, \ldots, \begin{pmatrix} x_n \\ 1 \end{pmatrix}$$

から，1 次積モーメント $E(xy)$ を $\sum_{i=n_1+1}^{n} x_i/n = n_2\overline{x}_2/n$，平均 $E(x)$ を $\overline{x} = \sum_{i=1}^{n} x_i/n$，$\sigma_x$ を $s_x = \sqrt{\sum_{i=1}^{n}(x_i - \overline{x})^2/n}$，$p$ を $\hat{p} = n_2/n$ で推定すると，ρ_{pb} の推定値

$$r_{pb} = \frac{\sqrt{\hat{p}\hat{q}}\,(\overline{x}_2 - \overline{x}_1)}{s_x} \quad \left(\hat{q} = 1 - \hat{p},\ \overline{x}_1 = \frac{1}{n_1}\sum_{i=1}^{n_1} x_i\right)$$

を得る．

一方，$(X, Y)'$ が 2 変量正規分布 $N_2(0, 0, 1, 1, \rho)$ に従うとして二分する状況を説明すると以下のようになる．すなわち，Y を 0 で二分割し，$a > 0$ に対し確率変数 T を

$$T = \begin{cases} a, & Y \geq 0 \\ -a, & Y < 0 \end{cases}$$

とおくとき，確率変数 X と T の間の相関係数（双列相関係数）を求める．結果は

$$\mathrm{Corr}(X,T)=\sqrt{\frac{2}{\pi}}\,\rho$$

となる．なお，

$$\rho=\sqrt{\frac{\pi}{2}}\,\mathrm{Corr}(X,T)$$

となるから，標本の場合の説明を加えると，双列相関係数の推定値 r_{pb} から二分しない場合の相関係数を $\sqrt{\pi/2}\,r_{pb}$ で推定できることを意味している．

4.6.2 計算法と数値例

上の双列相関係数の計算は下記のようである．まず，T の平均と分散は，$N_2(0,0,1,1,\rho)$ の周辺 Y の分布が標準正規分布 $N(0,1)$ に従うことから $\Pr(Y<0)=\Pr(Y\geq 0)=1/2$ であるので，

$$E(T)=-a\Pr(Y<0)+a\Pr(Y\geq 0)=-\frac{a}{2}+\frac{a}{2}=0,$$
$$\mathrm{Var}(T)=E(T^2)=a^2$$

となる．また，確率変数 Z が標準正規分布に従うとすると，$Z\geq 0$ が与えられたときの Z の条件付き期待値

$$E(Z|Z\geq 0)=\int_0^{\infty}z\,\frac{2}{\sqrt{2\pi}}\,e^{-z^2/2}dz=\sqrt{\frac{2}{\pi}}\left[-e^{-z^2/2}\right]_0^{\infty}=\sqrt{\frac{2}{\pi}}$$

を得る．$(X,Y)'$ が $N_2(0,0,1,1,\rho)$ に従うとき，$Y=y$ が与えられたときの X の条件付き分布は正規分布 $N(\rho y,1-\rho^2)$ だから，$Y\geq 0$ が与えられたときの X の条件付き期待値は

$$E(X|Y\geq 0)=E(\rho Y|Y\geq 0)=\sqrt{\frac{2}{\pi}}\,\rho$$

と計算できる．同様に，$E(Z|Z<0)=-\sqrt{2/\pi}$ だから，$E(X|Y<0)=-\sqrt{2/\pi}\,\rho$ を得る．さらに，X と T の間の共分散は，$E(X)=E(T)=0$ より，

$$\begin{aligned}\mathrm{Cov}(X,T)&=E(XT)=E[E(XT|T)]\\&=\frac{1}{2}(-a)E(X|Y<0)+\frac{1}{2}aE(X|Y\geq 0)\end{aligned}$$

$$= \sqrt{\frac{2}{\pi}}\, a\rho$$

となる．よって，X と T の間の相関係数は，$\mathrm{Var}(X) = 1$ と $\mathrm{Var}(T) = a^2$ より，

$$\mathrm{Corr}(X,T) = \frac{\mathrm{Cov}(X,T)}{\sqrt{\mathrm{Var}(X)\mathrm{Var}(T)}} = \sqrt{\frac{2}{\pi}}\,\rho$$

となることが分かる．

つぎに，$(X,Y)'$ が 2 変量正規分布 $N_2(\mu_1,\mu_2,\sigma_1^2,\sigma_2^2,\rho)$ に従うとし，Y に対して未知の点 k_0 で

$$T = \begin{cases} 1, & Y \geq k_0 \\ 2, & Y < k_0 \end{cases}$$

と二分される場合を考えてみよう．Pearson (1909)（Stuart *et al.* (1999) [66], p. 494 参照）の例：6156 名の受験者の年齢 X と合 $(T=2)$ 否 $(T=1)$ 者数の間の関係，で説明をする．大きさ $n = 6156$ の標本に対し Y（受験者数）の標本のうち，全体に対する合格者数 $n_2 = 2411$ の割合を求めると，$\hat{p} = n_2/n \approx 0.3917$ を得る．そうして，標準正規分布 $N(0,1)$ において

$$1 - \Phi(k) = \frac{n_2}{n} = \hat{p}$$

となる k を求める．ここで，$\Phi(\cdot)$ は標準正規分布関数を表す．いまの場合，$k \approx 0.275$ となる．$T=2$ に対応する X の標本の標本平均を $\overline{x}_2$，$T=1$ に対応する X の標本の標本平均を $\overline{x}_1$，X 全体の標本標準偏差（標本分散 S_x^2 の正の平方根）を S_x とおくとき，双列相関係数は，

$$r_b = \frac{\overline{x}_2 - \overline{x}_1}{S_x}\,\frac{\hat{p}\hat{q}}{f_k}$$

で推定される．ここで，$\hat{q} = 1 - \hat{p}$（全体に対する不合格者数の割合）で，f_k は，$\phi(\cdot)$ を標準正規確率密度関数として，$f_k = \phi(k) = (2\pi)^{-1/2}\exp(-k^2/2)$ を表す．例では，$\overline{x}_2 \approx 18.4280$，$\overline{x}_1 \approx 18.9877$，$S_x^2 \approx (3.2850)^2$，$f_k \approx 0.384$ であるので，$r_b \approx -0.11$ を得る．年齢と合格不合格者数との間の推定された双列相関係数の絶対値は小さい．したがって，年齢と合格不合格はあまり関係がないと言える．点双列相関係数と双列相関係数の間には若干の相違があ

ることに注意しよう．

すぐ上の双列相関係数の推定法の理論的根拠はつぎのようである．確率ベクトル $(X,Y)'$ が $N_2(\mu_1,\mu_2,\sigma_1^2,\sigma_2^2,\rho)$ に従うとき，$Y=y$ が与えられたときの X の条件付き分布は正規分布 $N(\mu_1+\rho\sigma_1(y-\mu_2)/\sigma_2,(1-\rho^2)\sigma_1^2)$ となるので，条件付き期待値 $E(X|Y=y)=\mu_1+\rho\sigma_1(y-\mu_2)/\sigma_2$ を得る．よって，二つの与えられた値 y_1 と y_2 に対して，

$$\begin{cases} E(X|Y=y_1)=\mu_1+\rho\sigma_1(y_1-\mu_2)/\sigma_2 \\ E(X|Y=y_2)=\mu_1+\rho\sigma_1(y_2-\mu_2)/\sigma_2 \end{cases}$$

から

$$\rho=\left\{\frac{E(X|Y=y_1)-E(X|Y=y_2)}{\sigma_1}\right\}\Big/\left(\frac{y_1-y_2}{\sigma_2}\right)$$

となる．

大きさ n の標本のうち，$T=1$ となる個数を n_1，$T=2$ となる個数を n_2 とすると，$(k_0-\mu_2)/\sigma_2$ の推定値 k を

$$1-\Phi(k)=\frac{n_2}{n}\ (\equiv\hat{p}),\quad \Phi(k)=\frac{n_1}{n}=1-\hat{p}\ (\equiv\hat{q})$$

のように構成できる．また，$F(\cdot)$ を $N(\mu_2,\sigma_2^2)$ の分布関数とするとき，

$$\begin{aligned} E(Y|T=2) &= \int_{k_0}^{\infty} z\,\frac{1}{1-F(k_0)}\,\frac{1}{\sqrt{2\pi}\sigma_2}\,e^{-(z-\mu_2)^2/(2\sigma_2^2)}dz \\ &= \frac{\sigma_2\phi((k_0-\mu_2)/\sigma_2)}{1-F(k_0)}+\mu_2 \end{aligned}$$

より，

$$\frac{E(Y|T=2)-\mu_2}{\sigma_2}=\frac{\phi((k_0-\mu_2)/\sigma_2)}{1-\Phi((k_0-\mu_2)/\sigma_2)}$$

を得る．よって，y_2 を $y_2=E(Y|T=2)$ と取って，$(y_2-\mu_2)/\sigma_2$ は $\phi(k)/\hat{p}$ で推定できる．同様にして，

$$E(Y|T=1)=\mu_2-\frac{\sigma_2\phi((k_0-\mu_2)/\sigma_2)}{F(k_0)}$$

となるので，y_1 を $y_1=E(Y|T=1)$ と取って，$(y_1-\mu_2)/\sigma_2$ は $-\phi(k)/\hat{q}$ で推定できる．$E(X|Y=y_1)$ を $T=1$ であるような X の平均 $\overline{x}_1$ で，$E(X|Y=y_2)$ を $T=2$ であるような X の平均 $\overline{x}_2$

で，また，σ_1 を X の標準偏差 S_x で推定することにすると，

$$\frac{y_1 - y_2}{\sigma_2} = \frac{y_1 - \mu_2}{\sigma_2} - \frac{y_2 - \mu_2}{\sigma_2}$$

の推定値

$$\frac{\phi(k)}{\hat{p}} + \frac{\phi(k)}{\hat{q}} = \frac{\phi(k)}{\hat{p}\hat{q}}$$

となるので，双列相関係数 ρ を

$$r_b = \frac{\overline{x}_2 - \overline{x}_1}{S_x} \frac{\hat{p}\hat{q}}{\phi(k)}$$

で推定することができる．

4.6.3　テトラコリック相関係数

順序のある二群において，それぞれの群を二分して 2×2 分割表の形にデータをまとめた場合を考えてみよう．データ形式とモデルは表 4.1 のように与えられる．

表 4.1　2×2 分割表：(a) データ形式と (b) モデル．

(a)

x \ y	0	1	合計
0	n_{11}	n_{12}	n_{1+}
1	n_{21}	n_{22}	n_{2+}
合計	n_{+1}	n_{+2}	n

(b)

	$Y < k$	$Y \geq k$	合計
$X < h$	π_{11}	π_{12}	π_{1+}
$X \geq h$	π_{21}	π_{22}	π_{2+}
合計	π_{+1}	π_{+2}	1

表 4.1(a) において Pearson の相関係数 r_t を計算すると，

$$\begin{aligned}
\overline{x} &= \frac{n_{2+}}{n}, \quad \overline{y} = \frac{n_{+2}}{n}, \\
S_x^2 &= \frac{n_{2+}}{n} - \left(\frac{n_{2+}}{n}\right)^2 = \frac{n_{1+}n_{2+}}{n^2}, \\
S_y^2 &= \frac{n_{+2}}{n} - \left(\frac{n_{+2}}{n}\right)^2 = \frac{n_{+1}n_{+2}}{n^2}, \\
S_{xy} &= \frac{n_{22}}{n} - \frac{n_{2+}n_{+2}}{n^2} = \frac{n_{11}n_{22} - n_{12}n_{21}}{n^2}
\end{aligned}$$

となるので，

$$r_t = \frac{n_{11}n_{22} - n_{12}n_{21}}{\sqrt{n_{1+}n_{+1}n_{2+}n_{+2}}}$$

を得る．この相関係数 r_t は, 表 4.1(a) の標本の**テトラコリック** (tetrachoric) **相関係数**[9] と呼ばれる．r_t の 2 乗は

$$r_t^2 = \frac{(n_{11}n_{22} - n_{12}n_{21})^2}{n_{1+}n_{+1}n_{2+}n_{+2}} \left(\equiv \frac{\chi^2}{n}\right)$$

と表現される．

なお, χ^2 は 2×2 分割表の χ^2 **適合度統計量** (chi-square goodness-of-fit statistic) $(\mathrm{O}-\mathrm{E})^2/\mathrm{E}$, すなわち,

$$\begin{aligned}\chi^2 &= \frac{\left(n_{11} - n\,\frac{n_{1+}}{n}\,\frac{n_{+1}}{n}\right)^2}{n\,\frac{n_{1+}}{n}\,\frac{n_{+1}}{n}} + \frac{\left(n_{12} - n\,\frac{n_{1+}}{n}\,\frac{n_{+2}}{n}\right)^2}{n\,\frac{n_{1+}}{n}\,\frac{n_{+2}}{n}} \\ &\quad + \frac{\left(n_{21} - n\,\frac{n_{2+}}{n}\,\frac{n_{+1}}{n}\right)^2}{n\,\frac{n_{2+}}{n}\,\frac{n_{+1}}{n}} + \frac{\left(n_{22} - n\,\frac{n_{2+}}{n}\,\frac{n_{+2}}{n}\right)^2}{n\,\frac{n_{2+}}{n}\,\frac{n_{+2}}{n}} \\ &= \frac{n(n_{11}n_{22} - n_{12}n_{21})^2}{n_{1+}n_{+1}n_{2+}n_{+2}}\end{aligned}$$

を表す．ここで, O は Observation（観測度数）, E は Expectation（独立性の仮説の下での期待度数）を意味する．x と y のそれぞれについて二分割して値 0 と 1 を割り振ったが, x について a と $b\ (> a)$, y について c と $d\ (> c)$ と割り振ったとしても相関係数には影響がない．それは, 直線の式 $g_X(x) = (b-a)x + a$ によって $x = 0$ と 1 は a と b に変換され, 同様に $g_Y(y) = (d-c)y + c$ によって $y = 0$ と 1 は c と d に変換されるからである．相関係数は傾きが正のアフィン変換による変数変換に関して不変であることを思い起こそう．

表 4.1 の 2×2 分割表 (a) における度数データに基づく尤度は

$$L(\boldsymbol{\theta}) = C\prod_{i=1}^{2}\prod_{j=1}^{2}\pi_{ij}^{n_{ij}}$$

と表せる．ここで, $\boldsymbol{\theta}$ はモデルの（ベクトル）パラメータ, C はパラメータに依存しない定数（結合分布の正規化定数）である．たとえば, 二群が潜在的に 2 変量正規分布 $N_2(\mu_1, \mu_2, \sigma_1^2, \sigma_2^2, \rho)$ に従うときには,

$$\begin{aligned}\pi_{11} &= \int_{-\infty}^{h}\int_{-\infty}^{k} f_2(x,y)\,dy\,dx \\ &= \int_{-\infty}^{(h-\mu_1)/\sigma_1}\int_{-\infty}^{(k-\mu_2)/\sigma_2} \phi_2(u,v)\,dv\,du\end{aligned}$$

[9] 2×2 分割表を一般化して, 二群が $m\times n$ 分割表形式にデータが得られているときにも, 2×2 分割表のときと同様にして**ポリコリック** (polychoric) **相関係数**を考えることができる．

$$= \Phi_2(h^*, k^*) \quad (h^* \equiv (h-\mu_1)/\sigma_1,\ k^* \equiv (k-\mu_2)/\sigma_2)$$

となる．ここで，$f_2(x,y)$ は $N_2(\mu_1,\mu_2,\sigma_1^2,\sigma_2^2,\rho)$ の結合確率密度関数

$$f_2(x,y) = \frac{1}{2\pi\sigma_1\sigma_2\sqrt{1-\rho^2}} \exp Q \quad (-\infty < x, y < \infty),$$

$$Q = -\frac{1}{2(1-\rho^2)}\left\{\left(\frac{x-\mu_1}{\sigma_1}\right)^2 - 2\rho\left(\frac{x-\mu_1}{\sigma_1}\right)\left(\frac{y-\mu_2}{\sigma_2}\right) + \left(\frac{y-\mu_2}{\sigma_2}\right)^2\right\}$$

であり，$\phi_2(\cdot,\cdot)$ は $N_2(0,0,1,1,\rho)$ の結合確率密度関数，$\Phi_2(\cdot,\cdot)$ は $N_2(0,0,1,1,\rho)$ の分布関数を表す．他の $\pi_{12}, \pi_{21}, \pi_{22}$ も類似に

$$\pi_{12} = \Phi(h^*) - \Phi_2(h^*, k^*), \quad \pi_{21} = \Phi(k^*) - \Phi_2(h^*, k^*),$$

$$\pi_{22} = 1 - \Phi(h^*) - \Phi(k^*) + \Phi_2(h^*, k^*)$$

と表される．ここで，$\Phi(\cdot)$ は $N(0,1)$ の分布関数である．最尤法により，パラメータ $\boldsymbol{\theta}$ の推定が可能となるが，最尤解は陽な関数として表されるわけではないので，数値解法により最尤推定値を求めなければならない．R のパッケージ 'polycor' (https://cran.r-project.org/web/packages/polycor/polycor.pdf) では，潜在的に 2 変量正規分布を仮定するときテトラコリックもしくはそれを一般化したポリコリック相関係数の最尤推定を扱っている．また，別のパッケージ 'psych' (https://cran.r-project.org/web/packages/psych/psych.pdf) もあるので，関心のある読者は参照されたい．

二群が 2 変量正規分布 $N_2(0,0,1,1,\rho)$ に従うとするとき，相関係数 ρ を相対頻度に基づいて推定することが可能である．すなわち，h^* と k^* を

$$\Phi(h^*) = \frac{n_{+1}}{n}, \quad \Phi(k^*) = \frac{n_{1+}}{n}$$

となるように選んで，未知数 ρ を被積分関数に含む式

$$\frac{n_{22}}{n} = \int_{h^*}^{\infty}\int_{k^*}^{\infty} \phi_2(u,v;\rho)dvdu \ (\equiv \overline{\Phi}_2(h^*, k^*))$$

を満たすように求めればよい．ここにおいて，$\phi_2(u,v;\rho)$ は

$N_2(0,0,1,1,\rho)$ の確率密度関数

$$\phi_2(u,v) = \frac{1}{2\pi\sqrt{1-\rho^2}} \exp\left\{-\frac{1}{2(1-\rho^2)}(u^2 - 2uv\rho + v^2)\right\}$$

のことであるが，パラメータ ρ を含むので，ここでは $\phi_2(u,v;\rho)$ という表記をしている．現代において上の 2 重積分の数値積分はコンピュータによってそれほど困難なく行えると思われるが，単一の積分で

$$\overline{\Phi}_2(h^*,k^*) = \int_0^{\rho} \phi_2(h^*,k^*;t)dt + \overline{\Phi}(h^*)\overline{\Phi}(k^*)$$

と表現することができる．もしくは，$\rho > 0$，$h^* \le k^*$ とするとき，

$$\overline{\Phi}_2(h^*,k^*) = \overline{\Phi}(k^*) - \int_{\rho}^{1} \phi_2(h^*,k^*;t)dt$$

が成立する（Takeuchi and Takemura (1979) [68]；柴田 (1981) [7], p. 185）ので，この式を利用することができる．なお，$\overline{\Phi}(\cdot)$ は標準正規分布の生存関数，すなわち，標準正規分布関数 $\Phi(\cdot)$ を 1 から引いた関数 $\overline{\Phi}(z) = 1 - \Phi(z)$ を表す．

なお，上の公式で特別に $h^* = k^* = 0$ とおくと，$\int 1/\sqrt{1-t^2}\,dt = \sin^{-1} t$ だから，象限確率

$$\overline{\Phi}_2(0,0) = \frac{1}{2} - \frac{1}{2\pi}(\sin^{-1} 1 - \sin^{-1}\rho) = \frac{1}{4} + \frac{1}{2\pi}\sin^{-1}\rho$$

を得ることになる．

4.7 時系列における相関係数

4.7.1 自己相関係数

大きさ n の実時系列データ $\{z_t\}_{t=1,\ldots,n}$ に対し，自分自身と時間遅れ（ラグ lag）h の時系列データの間の「相関係数」，すなわち，$(n-h)$ 個の組からなるデータ

$$\begin{pmatrix} z_1 \\ z_{h+1} \end{pmatrix}, \ldots, \begin{pmatrix} z_{n-h} \\ z_n \end{pmatrix}$$

の「相関係数」は**ラグ h の標本自己相関係数** (autocorrelation coefficient at lag h) もしくは**系列相関係数** (serial correlation coefficient)

と呼ばれる．「相関係数」の計算の仕方についてであるが，標本平均は，$\sum_{t=1}^{n-h} z_t/(n-h)$ でも $\sum_{t=h+1}^{n} z_t/(n-h)$ でもなく，$\{z_t\}$ のすべてを使って $\overline{z} = \sum_{t=1}^{n} z_t/n$ を用いる．標本分散は $\sum_{t=1}^{n-h}(z_t-\overline{z})^2/(n-h)$ でも $\sum_{t=h+1}^{n}(z_t-\overline{z})^2/(n-h)$ でもなく，$\sum_{t=1}^{n}(z_t-\overline{z})^2/n$ を用いる．また，標本共分散は $\sum_{t=h+1}^{n}(z_t-\overline{z})(z_{t-h}-\overline{z})/(n-h)$ を使って，標本自己相関係数 $r_h^{(1)}$ を

$$r_h^{(1)} = \frac{\frac{1}{n-h}\sum_{t=h+1}^{n}(z_t-\overline{z})(z_{t-h}-\overline{z})}{\frac{1}{n}\sum_{t=1}^{n}(z_t-\overline{z})^2}$$

と定義することも，標本共分散の分母を $(n-h)$ でなく，n であるように取って，標本自己相関係数 $r_h^{(2)}$ を

$$r_h^{(2)} = \frac{\sum_{t=h+1}^{n}(z_t-\overline{z})(z_{t-h}-\overline{z})}{\sum_{t=1}^{n}(z_t-\overline{z})^2}$$

と定義することもある．自己相関係数のどちらの定義にしても，特別に $h=0$ とすると，$r_h^{(1)} = r_h^{(2)} = 1$ となる．

自己相関係数を求めることは時系列データに周期性が見られるかどうかを調べる一つのよい方法と言える．横軸をラグ h とし，縦軸を自己相関係数として**自己相関関数** (autocorrelation function) を図に表したときを**コレログラム** (correlogram) もしくは**自己相関プロット** (autocorrelation plot) と呼ぶ．ラグ h までの自己相関係数が 0 という仮説 H_0： $\rho_1 = \cdots = \rho_h = 0$ の検定には Ljung–Box 検定を利用（R 上でのコマンドは Box.test）することができる．

4.7.2 相互相関係数

二つの実時系列 $\{x_t\}$ と $\{y_t\}$ に対して，$\{x_t\}$ と遅れ τ の $\{y_{t-\tau}\}$ の間の相関係数を τ の関数とみるときを**相互相関関数** (cross-correlation function) という．相互相関係数が計算されるためには $\{x_t\}$ と $\{y_{t-\tau}\}$ の系列の長さは同じ必要がある．相互相関関数を $\{x_t\}$ と $\{y_t\}$ の系列の相似性を検出するために使用することができる．

4.7.3 弱定常過程の自己相関係数

実数値確率変数列 $\{Z_t\}_{t=0,\pm1,\pm2,\ldots}$ が**弱定常過程** (weakly stationary process) とは，$E(Z_t^2)$ が存在して，平均と自己共分散に関し，

(1) $E(Z_t) = E(Z_{t+\tau}) = E(Z_0) = \mu$ （μ は定数），

(2) $\gamma_\tau = \mathrm{Cov}(Z_{t+\tau}, Z_t) = \mathrm{Cov}(Z_\tau, Z_0)$ （ラグ τ の関数）

が成立つときをいう．明らかに，分散 $\mathrm{Var}(Z_t) = \gamma_0$ であり，自己相関係数は $\rho_\tau = \gamma_\tau/\gamma_0$ となり，$\rho_\tau = \rho_{-\tau}$，$|\rho_\tau| \le \rho_0 = 1$ となる．

4.7.4 自己回帰モデルの自己相関係数

1 次の自己回帰モデル：平均 0，分散 σ_ϵ^2 を持つ無相関実数値確率変数列 $\{\epsilon_t\}_{t=0,\pm1,\pm2,\ldots}$ に対し，弱定常過程 $\{Z_t\}_{t=0,\pm1,\pm2,\ldots}$ を

$$Z_t = \phi_0 + \phi_1 Z_{t-1} + \epsilon_t \quad (|\phi_1| < 1)$$

で定義する．この過程は，1 次の**自己回帰過程** (AutoRegressive process) と呼ばれ，AR(1) と表記される．Z_t の平均 $E(Z_t) = \mu$ は，両辺の期待値を取って

$$E(Z_t) = \phi_0 + \phi_1 E(Z_{t-1}) + E(\epsilon_t)$$

より，$E(\epsilon_t) = 0$ から $\mu = \phi_0 + \phi_1\mu$ となるので $\mu = \phi_0/(1-\phi_1)$ を得る．

つぎに，Z_t の分散，Z_t と Z_{t-k} の間の共分散を計算する．現系列 Z_t から平均 μ を引き去ると $Z_t - \mu = \phi_1(Z_{t-1} - \mu) + \epsilon_t$ となるので，分散と共分散の計算のためには，モデルを $Z_t = \phi_1 Z_{t-1} + \epsilon_t$ としておいて分散と共分散を計算することで一般性を失わない．平均 0 のこのモデルの下で演算を繰り返すと，

$$Z_t = \epsilon_t + \phi_1\epsilon_{t-1} + \phi_1^2\epsilon_{t-2} + \cdots + \phi_1^{p-1}\epsilon_{t-(p-1)} + \phi_1^p Z_{t-p}$$

となるので，$E(Z_t^2)$ は t に関して一様に有限な定数であることから，

$$\begin{aligned}&E[\{Z_t - (\epsilon_t + \phi_1\epsilon_{t-1} + \phi_1^2\epsilon_{t-2} + \cdots + \phi_1^{p-1}\epsilon_{t-(p-1)})\}^2]\\&= \phi_1^{2p}E(Z_{t-p}^2) \to 0 \quad (p \to \infty)\end{aligned}$$

を得る．すなわち，平均二乗収束の意味で

$$Z_t = \sum_{j=0}^{\infty} \phi_1^j \epsilon_{t-j}$$

となる．よって，Z_t の分散

$$\gamma_0 = E(Z_t^2) = E\left[\lim_{m,n\to\infty} \sum_{j=0}^{m} \phi_1^j\epsilon_{t-j} \sum_{k=0}^{n} \phi_1^k \epsilon_{t-k}\right]$$

$$
\begin{aligned}
&= \lim_{m,n\to\infty} E\left[\sum_{j=0}^{m}\phi_1^j\epsilon_{t-j}\sum_{k=0}^{n}\phi_1^k\epsilon_{t-k}\right] \\
&= \lim_{m,n\to\infty}\sum_{j=0}^{m}\sum_{k=0}^{n}\phi_1^{j+k}E(\epsilon_{t-j}\epsilon_{t-k}) = \sum_{j=0}^{\infty}\phi_1^{2j}\sigma_\epsilon^2 \\
&= \frac{\sigma_\epsilon^2}{1-\phi_1^2}
\end{aligned}
$$

を得，また，$E(\epsilon_t Z_{t-j}) = 0$ $(j = 1,2,3,\ldots)$ となるので，Z_t と $Z_{t-\tau}$ の間の共分散に関し，漸化式

$$
\begin{aligned}
\gamma_\tau = E(Z_t Z_{t-\tau}) &= E[(\phi_1 Z_{t-1}+\epsilon_t)Z_{t-\tau}] \\
&= \phi_1 E(Z_{t-1}Z_{t-\tau}) = \phi_1 E(Z_{t-1}Z_{t-1-(\tau-1)}) \\
&= \phi_1\gamma_{\tau-1} \quad (\tau = 1,2,3,\ldots)
\end{aligned}
$$

が従う．よって，$\gamma_\tau = \phi_1\gamma_{\tau-1} = \cdots = \phi_1^\tau\gamma_0$ $(\tau = 1,2,3,\ldots)$ となる．最終的に，Z_t と $Z_{t-\tau}$ の間の遅れ τ の自己相関係数は

$$
\rho_\tau = \frac{\gamma_\tau}{\gamma_0} = \phi_1^{|\tau|} \quad (\tau = 0,\pm1,\pm2,\ldots)
$$

である．

単位根の存在の帰無仮説 H_0： $\phi_1 = 1$ の検定には Dickey–Fuller 検定が知られている．R 上ではコマンド adf.test で Dickey–Fuller 検定を実行できる．

p 次の自己回帰過程：AR(1) の一般化としての p 次の自己回帰過程（AR(p) と表記）

$$
Z_t = \phi_1 Z_{t-1} + \phi_2 Z_{t-2} + \cdots + \phi_p Z_{t-p} + \epsilon_t \quad (t = 0,\pm1,\pm2,\ldots)
$$

において定常性が成立つためには，ϕ_j $(j = 1,\ldots,p)$ についての特性方程式

$$
\phi(z) = 1 - \phi_1 z - \phi_2 z^2 - \cdots - \phi_p z^p = 0
$$

の解に関して $|z| > 1$ を満たさねばならない．このとき，遅れ τ の自己相関係数は，p 次の差分方程式

$$
\rho_\tau = \phi_1\rho_{\tau-1} + \phi_2\rho_{\tau-2} + \cdots + \phi_\tau\rho_{\tau-p}
$$

を満たすことが知られている.

4.7.5 移動平均過程の自己相関係数

q 次の**移動平均過程** (Moving Average process of order q, MA(q) と表記) は, 定数 η_j ($j = 1, \ldots, q$) に対し,

$$Z_t = \eta_0 + a_t - \eta_1 a_{t-1} - \cdots - \eta_q a_{t-q}$$

と表される. ここで, 確率変数列 $\{a_t\}$ は, 平均 $E(a_t) = 0$, 分散 $\mathrm{Var}(a_t) = \sigma_a^2$, 無相関 $E(a_t a_{t+k}) = 0$ ($k \neq 0$) である. このとき, Z_t の分散は

$$\begin{aligned}\gamma_0 = E[(Z_t - \eta_0)^2] &= E[(a_t - \eta_1 a_{t-1} - \cdots - \eta_q a_{t-q})^2] \\ &= (1 + \eta_1^2 + \cdots + \eta_q^2)\sigma_a^2\end{aligned}$$

となる. また, Z_t と $Z_{t-\tau}$ の共分散は

$$\begin{aligned}\gamma_\tau &= E[(Z_t - \eta_0)(Z_{t-\tau} - \eta_0)] \\ &= E[(a_t - \eta_1 a_{t-1} - \cdots - \eta_q a_{t-q}) \\ &\quad \times (a_{t-\tau} - \eta_1 a_{t-\tau-1} - \cdots - \eta_q a_{t-\tau-q})] \\ &= \begin{cases} (-\eta_\tau + \eta_1 \eta_{\tau+1} + \cdots + \eta_{q-\tau}\eta_q)\sigma_a^2 \\ \quad (\tau = 1, \ldots, q) \\ 0 \quad (\tau > q) \end{cases}\end{aligned}$$

となる. よって, 遅れ τ の自己相関係数

$$\rho_\tau = \begin{cases} \dfrac{-\eta_\tau + \eta_1 \eta_{\tau+1} + \cdots + \eta_{q-\tau}\eta_q}{1 + \eta_1^2 + \cdots + \eta_q^2} \\ \quad (\tau = 1, \ldots, q) \\ 0 \quad (\tau > q) \end{cases}$$

を得る.

4.7.6 自己回帰過程における偏自己相関係数

簡単のために, 前出 AR(p) の特別な場合の 2 次の自己回帰過程 (AR(2))

$$Z_t = \phi_1 Z_{t-1} + \phi_2 Z_{t-2} + \epsilon_t$$

において, 遅れ 2 の**偏自己相関係数** (partial autocorrelation coefficient) を説明する. 過去の Z_{t-1} により Z_t の予測子 $\hat{Z}_t = \phi_{11} z_{t-1}$ の

ϕ_{11} を $E[(Z_t - \hat{Z}_t)^2] \to \min$ となるように選ぶ．そのような ϕ_{11} は，$\phi_{11} = E(Z_t Z_{t-1})/E(Z_{t-1}^2) = \rho_1$ と，遅れ 1 の自己相関係数で達成される．同様に，未来の Z_{t-1} により Z_{t-2} の予測子 $\hat{Z}_{t-2} = \phi_{11}^* z_{t-1}$ の ϕ_{11}^* を $E[(Z_{t-2} - \hat{Z}_{t-2})^2] \to \min$ となるように選ぶ．ϕ_{11}^* は $\phi_{11}^* = E(Z_{t-2} Z_{t-1})/E(Z_{t-1}^2) = \rho_1$ で達成される．

そのとき，Z_{t-1} の影響を調整した $(Z_t - \hat{Z}_t)$ と $(Z_{t-2} - \hat{Z}_{t-2})$ の間の相関係数 $\phi_{22} = \mathrm{Corr}(Z_t - \hat{Z}_t, Z_{t-2} - \hat{Z}_{t-2})$ は遅れ 2 の偏自己相関係数と呼ばれる．具体的に ϕ_{22} を求めると，

$$\phi_{22} = \mathrm{Corr}(Z_t - \rho_1 Z_{t-1}, Z_{t-2} - \rho_1 Z_{t-1}) = \frac{\rho_2 - \rho_1^2}{1 - \rho_1^2}$$

となる．この量は，自己相関係数に関して成立つ差分方程式

$$\rho_k = \phi_1 \rho_{k-1} + \phi_2 \rho_{k-2} \quad (k > 0)$$

において

$$\begin{pmatrix} \rho_1 \\ \rho_2 \end{pmatrix} = \begin{pmatrix} 1 & \rho_1 \\ \rho_1 & 1 \end{pmatrix} \begin{pmatrix} \phi_{11} \\ \phi_{22} \end{pmatrix}$$

と書いたときの解

$$\phi_{22} = \frac{\begin{vmatrix} 1 & \rho_1 \\ \rho_1 & \rho_2 \end{vmatrix}}{\begin{vmatrix} 1 & \rho_1 \\ \rho_1 & 1 \end{vmatrix}} = \frac{\rho_2 - \rho_1^2}{1 - \rho_1^2}$$

として得られる．

AR(p) の場合には，遅れ k の偏自己相関係数は $Z_{t-1}, \ldots, Z_{t-k-1}$ の影響を調整した $(Z_t - \hat{Z}_t)$ と $(Z_{t-k} - \hat{Z}_{t-k})$ の間の相関係数であり，Yule–Walker 方程式

$$\rho_j = \phi_{k1} \rho_{j-1} + \cdots + \phi_{k(k-1)} \rho_{j-k+1} + \phi_{kk} \rho_{j-k} \quad (j = 1, \ldots, k)$$

の解 ϕ_{kk} として与えられる．

4.7.7 ゼロ交差点数の平均

定常確率過程 $\{Z_t\}_{t=0,\pm1,\pm2,\ldots}$ は平均 0，分散 1，自己相関係数 ρ_k で，楕円形確率密度関数

$$f(\boldsymbol{x}) = |\Sigma|^{-1/2}\psi(\boldsymbol{x}'\Sigma^{-1}\boldsymbol{x})$$

を持つとする．すなわち，ガウス過程を含む定常**楕円形確率過程** (elliptical process) を仮定する．そのとき，$Z_1, \ldots, Z_N$ に対する **0 レベル交差点数** (number of zero-crossings) は $(Z_k \geq 0, Z_{k-1} < 0)$ もしくは $(Z_k < 0, Z_{k-1} \geq 0)$ $(k = 2, \ldots, N)$ の個数 D_N として定義される．このとき，象限確率に関する結果を使って，D_N の期待値は，正弦公式

$$\begin{aligned} E(D_N) &= (N-1)\{\Pr(Z_k \geq 0, Z_{k-1} < 0) \\ &\quad + \Pr(Z_k < 0, Z_{k-1} \geq 0)\} \\ &= (N-1)\{1 - 2\Pr(Z_k \geq 0, Z_{k-1} \geq 0)\} \\ &= (N-1)\left\{1 - 2\left(\frac{1}{4} + \frac{1}{2\pi}\sin^{-1}\rho_1\right)\right\} \\ &= (N-1)\left(\frac{1}{2} - \frac{1}{\pi}\sin^{-1}\rho_1\right) \end{aligned}$$

となる．もしくは，余弦公式

$$\cos\left(\frac{\pi E(D_N)}{N-1}\right) = \cos\left(\frac{\pi}{2} - \sin^{-1}\rho_1\right) = \sin(\sin^{-1}\rho_1) = \rho_1$$

を得ることになる．

自己相関関数を $\rho(h)$ とし, $\Delta(N-1) = 1$ の下に $\Delta \to 0$ $(N \to \infty)$ とすると，$\rho(h)$ が $h = 0$ において 2 階微分可能を仮定して，**Rice の公式** (Rice's formula)

$$\lim_{N\to\infty} E(D) = \frac{1}{\pi}\sqrt{-\rho''(0)}$$

を得ることが知られている．交差点数問題や**周遊** (excursion) 回数問題における自己相関関数の現れについては Kedem (1994) [42] や Tanaka and Shimizu (2001) [69] に詳しい記述がある．

4.7.8 空間相関

一般に $(Y_1, Y_2)'$ を 2 変量確率ベクトルとするとき，Y_1 と Y_2 の間の共分散 $\mathrm{Cov}(Y_1, Y_2)$ は Y_1 と Y_2 の間の依存性の尺度を表す．また，平均を $E(Y_1) = E(Y_2)$，分散を $\mathrm{Var}(Y_1) = \mathrm{Var}(Y_2) = \sigma^2$，相関係数を $\mathrm{Corr}(Y_1, Y_2) = \rho$ とするとき，第 1.3 節に注意された平均

二乗差 MSD は,

$$\mathrm{MSD} = E[(Y_1 - Y_2)^2] = \mathrm{Var}(Y_1 - Y_2) = 2\sigma^2(1-\rho)$$

となる．MSD も二つの確率変数 Y_1 と Y_2 の間の依存性の尺度を与える量と考えられる．

つぎに，空間の確率場における 2 点間の依存性の尺度について考えることにする．データとしては，建造物や交通の位置情報，降雨量や大気中・水中の物質濃度などがある．いま，簡単のため平面 $\mathbb{R}^2$ において考えることにし，点 $\boldsymbol{x}_1 \in \mathbb{R}^2$ と $\boldsymbol{x}_2 \in \mathbb{R}^2$ に確率的な値 $Z(\boldsymbol{x}_1)$ と $Z(\boldsymbol{x}_2)$ が対応しているとしよう．MSD に類似の**バリオグラム** (variogram)

$$2\gamma(\boldsymbol{x}_1, \boldsymbol{x}_2) = \mathrm{Var}(Z(\boldsymbol{x}_1) - Z(\boldsymbol{x}_2))$$

は確率場の空間的依存性の尺度を与える量と考えられる[10)]．なお，$\gamma(\boldsymbol{x}_1, \boldsymbol{x}_2)$ は，**セミバリオグラム** (semivariogram) と呼ばれている．

10) 確率場が定数の平均を持つならば,

$$2\gamma(\boldsymbol{x}_1, \boldsymbol{x}_2) = E[\{Z(\boldsymbol{x}_1) - Z(\boldsymbol{x}_2)\}^2]$$

となる．空間相関の話題に関する和書としては間瀬・武田 (2001) [16] があるので，興味ある読者は同書を参照されたい．

5 欠損データからの相関係数推定

本章では，2 変量正規分布においてデータに欠損がある場合の相関係数推定問題を扱う．第 5.1 節と第 5.2 節においては，それぞれ，2 変量正規分布 $N_2(\mu_1, \mu_2, \sigma_1^2, \sigma_2^2, \rho)$ からの一方の変数が**欠測値** (missing value) を含む場合と双方の変数が欠測値を含む場合の相関係数 ρ の最尤推定を扱う[1]．さらに，第 5.3 節では，2 変量正規分布の多標本問題における共通の相関係数推定への拡張について述べる．以下のデータ構造において，$*$ は欠測（MAR: Missing At Random を仮定）とする．なお，本書では扱わないが，**EM** (Expectation Maximization) **アルゴリズム**[2] を利用して欠損データから 2 変量正規分布のパラメータの最尤推定値を求めることができる．欠損データの場合には，特別な場合を除いて，最尤推定値を陽な形で求めることは困難である．

1) 欠測値を含むデータを**欠損データ** (missing data) といい，欠測値を含まないデータを**完全データ** (complete data) という．

2) EM アルゴリズムは多変量解析や機械学習の分野で使用されている．参考文献として，小西ほか (2008) [4] の第 II 部と Bishop (2006) [23]（元田ほか監訳 (2012) [17]）の第 9 章をあげておく．

5.1 一方の変数が欠測値を含む場合

5.1.1 記法とまとめ

入学試験の成績 (x) と入学後の成績 (y) の間の関係を調べるために相関係数を計算するような場合[3]，不合格者に対しては入学後の成績が存在しないので，データ構造は (y) に関してミッシングが生じる．したがって，一方の変数が欠測値を含む場合のデータ構造は

$$\begin{pmatrix} x_1 \\ y_1 \end{pmatrix}, \ldots, \begin{pmatrix} x_{n_1} \\ y_{n_1} \end{pmatrix}, \quad \begin{matrix} x_{n_1+1}, \ldots, x_{n_1+n_2} \\ * \end{matrix}$$

のように書くことができる．統計量について，つぎの表記を用いることにしよう．

3) たとえば，狩野 (2009) [3] を参照．

(x, y) のペアーに関して完全部分の平均，分散，共分散：

$$\overline{x} = \frac{1}{n_1}\sum_{i=1}^{n_1} x_i, \quad \overline{y} = \frac{1}{n_1}\sum_{i=1}^{n_1} y_i,$$

$$s_x^2 = \frac{1}{n_1}\sum_{i=1}^{n_1}(x_i - \overline{x})^2, \quad s_y^2 = \frac{1}{n_1}\sum_{i=1}^{n_1}(y_i - \overline{y})^2,$$

$$s_{xy} = \frac{1}{n_1}\sum_{i=1}^{n_1}(x_i - \overline{x})(y_i - \overline{y})$$

x のデータすべての平均と分散 $(n = n_1 + n_2)$：

$$\hat{\mu}_1 = \frac{1}{n}\sum_{j=1}^{n} x_j, \quad \hat{\sigma}_1^2 = \frac{1}{n}\sum_{j=1}^{n}(x_j - \hat{\mu}_1)^2$$

このとき，相関係数 ρ の最尤推定値 $\hat{\rho}$ は

$$\hat{\rho} = \frac{r}{\sqrt{(1-k^2)r^2 + k^2}}$$

で与えられる．ここで，r は (x, y) のペアーに関して完全部分の相関係数，すなわち，$r = s_{xy}/\sqrt{s_x^2 s_y^2}$，$k^2$ は x に関して完全部分の分散とデータすべての分散の比，すなわち，$k^2 = s_x^2/\hat{\sigma}_1^2$ を表す．完全データの場合は，$k = 1$ となるから，そのとき $\hat{\rho}$ は Pearson の相関係数 r に帰着する．なお，椎名 (2016) [5] によれば，上の補正式は Pearson によって既に知られていたとのことである．

ρ の最尤推定値を求めるには，回帰関数（第 4.1.1 項）を利用するのが簡潔である．参考のために，下記に求め方 (Anderson, 1957 [19]) を記す．より一般に，多変量の**単調欠測** (monotone missing) データの場合における分散共分散行列の最尤推定については Kanda and Fujikoshi (1998) [40] や Srivastava (2002) [64] 第 16 章を参考文献としてあげることができる．

5.1.2　相関係数 ρ の最尤推定値 $\hat{\rho}$ の求め方

2 変量正規分布 $N_2(\mu_1, \mu_2, \sigma_1^2, \sigma_2^2, \rho)$ の結合確率密度関数は

$$\begin{aligned} f(x, y) &= \frac{1}{\sqrt{2\pi}\sigma_2\sqrt{1-\rho^2}} \\ &\quad \times \exp\left[-\frac{1}{2\sigma_2^2(1-\rho^2)}\left\{y - (\mu_2 - \beta\mu_1 + \beta x)\right\}^2\right] \end{aligned}$$

$$\times \frac{1}{\sqrt{2\pi}\sigma_1} \exp\left\{-\frac{1}{2\sigma_1^2}(x-\mu_1)^2\right\}, \quad \beta = \frac{\rho\sigma_2}{\sigma_1}$$

と書ける．したがって，尤度関数は，$\nu = \mu_2 - \beta\mu_1$ と $\sigma_{2\cdot1}^2 = (1-\rho^2)\sigma_2^2$ とおいて，

$$\begin{aligned}
&L(\mu_1, \sigma_1^2, \nu, \beta, \sigma_{2\cdot1}^2) \\
=&\frac{1}{(2\pi\sigma_{2\cdot1}^2)^{n_1/2}} \exp\left[-\frac{1}{2\sigma_{2\cdot1}^2}\sum_{i=1}^{n_1}\{y_i - (\nu + \beta x_i)\}^2\right] \\
&\times \frac{1}{(2\pi\sigma_1^2)^{n/2}} \exp\left\{-\frac{1}{2\sigma_1^2}\sum_{j=1}^{n}(x_j - \mu_1)^2\right\}
\end{aligned}$$

と表せる．パラメータ μ_1 と σ_1^2 の最尤推定値は $\hat{\mu}_1$ と $\hat{\sigma}_1^2$ であり，$(\nu, \beta, \sigma_{2\cdot1}^2)$ の最尤推定値は，第 4.1.1 項「回帰関数」の箇所で示されているように，

$$\hat{\nu} = \overline{y} - \hat{\beta}\,\overline{x}, \quad \hat{\beta} = \frac{s_{xy}}{s_x^2}, \quad \hat{\sigma}_{2\cdot1}^2 = s_y^2\left(1 - \frac{s_{xy}^2}{s_x^2 s_y^2}\right)$$

となる．

相関係数 ρ の最尤推定値を，既に得られた最尤推定値 $(\hat{\mu}_1, \hat{\sigma}_1^2, \hat{\nu}, \hat{\beta}, \hat{\sigma}_{2\cdot1}^2)$ を使って表すことを考える．まず，関係式 $\sigma_{2\cdot1}^2 = (1-\rho^2)\sigma_2^2$ と $\beta = \rho(\sigma_2/\sigma_1)$ から

$$\sigma_{2\cdot1}^2 = \sigma_2^2 - \rho^2\sigma_2^2 = \sigma_2^2 - \beta^2\sigma_1^2$$

となり，$\sigma_2^2 = \sigma_{2\cdot1}^2 + \beta^2\sigma_1^2$ を得る．さらに，$\beta = \rho(\sigma_2/\sigma_1)$ から $\rho = \beta(\sigma_1/\sigma_2)$ となるので，相関係数 ρ の最尤推定値 $\hat{\rho}$ は，最尤推定値の関数不変性により，

$$\begin{aligned}
\hat{\rho} &= \frac{\hat{\beta}\hat{\sigma}_1}{\hat{\sigma}_2} = \frac{\frac{s_{xy}}{s_x^2}\hat{\sigma}_1}{\sqrt{s_y^2 - \frac{s_{xy}^2}{s_x^2} + \frac{s_{xy}^2}{s_x^4}\hat{\sigma}_1^2}} \\
&= \frac{r}{\sqrt{(1-k^2)r^2 + k^2}}, \quad r = \frac{s_{xy}}{\sqrt{s_x^2 s_y^2}},\ k^2 = \frac{s_x^2}{\hat{\sigma}_1^2}
\end{aligned}$$

となることが分かる．

$\hat{\rho}$ の漸近分散 $(1-\rho^2)^2(1-a\rho^2)/n_1$ が得られるので，分散安定化変換 (Minami and Shimizu (1998) [52] の特別な場合）は

$$z(t) = \frac{\sqrt{n_1}}{2\sqrt{1-a}} \log \left[\frac{\sqrt{1-at^2} + \sqrt{1-a}\,t}{\sqrt{1-at^2} - \sqrt{1-a}\,t} \right]$$

となる．ここで，$a = n_2/(2n)$ を表す．$z(\hat{\rho}) - z(\rho)$ は近似的に標準正規分布に従うので，帰無仮説 H_0：$\rho = \rho_0$ の対立仮説 H_1：$\rho \neq \rho_0$ に対する検定や ρ の近似信頼区間の構成が可能である．特別な場合として，完全データの場合（$n_2 = 0$，したがって $a = 0$），ここでの $z(\hat{\rho})$ は Fisher の z 変換 $(1/2)\log\{(1+r)/(1-r)\}$ を用いて $z(r) = (\sqrt{n}/2)\log\{(1+r)/(1-r)\}$ と表現され，

$$z(r) - z(\rho) = \sqrt{n}\left(\frac{1}{2}\log\frac{1+r}{1-r} - \frac{1}{2}\log\frac{1+\rho}{1-\rho}\right)$$

は近似的に標準正規分布に従うのを見ることができる．

5.2　双方の変数が欠測値を含む場合

データの構造は

$$\begin{pmatrix} x_1 \\ y_1 \end{pmatrix}, \ldots, \begin{pmatrix} x_{n_1} \\ y_{n_1} \end{pmatrix}, \quad \begin{matrix} x_1^*, \ldots, x_{n_2}^* & * \\ * & y_1^*, \ldots, y_{n_3}^* \end{matrix}$$

のように表される．２変量正規分布において双方の変数が欠測値を含むこのような場合は，第 2.2.4 節において現れた Δ_2 分布 (Shimizu, 1993 [62]) に密接に関係する．降雨量データの解析において正の値を取るデータの部分に対数正規分布に基づくモデル化を行うとき，データに対数変換を施せば正規分布に基づくモデルとなる．二つの測定点のうち少なくとも一方で降雨量がゼロのデータに対数変換を施すことはできないので，この部分は正規分布に基づくモデル化では欠測と解釈する．

２変量正規分布 $N_2(\mu_1, \mu_2, \sigma_1^2, \sigma_2^2, \rho)$ において $\sigma_1^2 = \sigma_2^2$ の場合に相関係数 ρ の最尤推定値 $\hat{\rho}$ は，７次方程式

$$\sum_{j=0}^{7} b_j \rho^j = 0$$

の解として与えられる．$b_0, \ldots, b_7$ の表現は複雑なので，ここに記載することはしない．興味がある読者は，Shimizu (1993) もしく

は Konishi and Shimizu (1994) [44] を参照のこと．なお，Konishi and Shimizu (1994) では，楕円形分布の下での $\hat{\rho}$ の漸近分布，正規分布の下での分散安定化変換

$$
\begin{aligned}
z(t) =& \left\{ \frac{m}{2(1+m)} \right\}^{1/2} \\
& \times \log \left[\frac{(1+t)\{\sqrt{2}\varphi(t) + (1-m)t + 1 + m\}}{(1-t)\{\sqrt{2}\varphi(t) - (1-m)t + 1 + m\}} \right] \\
& + \frac{1}{2} \left\{ \frac{m(1-m)}{1+m} \right\}^{1/2} \log \left[\frac{\varphi(t) - (1-m)^{1/2} t}{\varphi(t) + (1-m)^{1/2} \hat{\rho}} \right]
\end{aligned}
$$

が与えられている．ここで，$m = n_1/n$ $(n = n_1 + n_2 + n_3)$ で $\varphi(\hat{\rho}) = \{1 + m + (1-m)\hat{\rho}^2\}^{1/2}$ を表す．$\sqrt{n}\{z(\hat{\rho}) - z(\rho)\}$ は近似的に標準正規分布に従うので，帰無仮説 H_0： $\rho = \rho_0$ の対立仮説 H_1： $\rho \neq \rho_0$ に対する検定や ρ の近似信頼区間の構成が可能となる．特別な場合として，$m = 1$（完全データ）であれば，ここでの $z(\hat{\rho})$ は Fisher の z 変換 $z(r) = (1/2)\log\{(1+r)/(1-r)\}$ に帰着する．

また，シミュレーションによると，完全部分の大きさが $n_1 \geq 30$ であれば方程式は区間 $[-1, 1]$ において唯一の解を持ち，完全部分の大きさがそれほど大きくない場合には，おおざっぱにいうと欠測割合が高くても $\rho \geq 0.5$ のときには欠測値を含むデータから計算される $\hat{\rho}$ を使うほうが完全部分から計算される最尤推定値 $r = 2s_{xy}/(s_x^2 + s_y^2)$（記法は第 5.1 節；なお，第 3.2.8 節の 1 を参照）よりも平均二乗誤差が小さいことが示されている．

一般の多変量正規分布における欠測値を含むデータからの分散共分散行列の最尤推定については，Srivastava (2002) [64] 第 15 章に記述がある．その内容の解説は，本書では割愛する．

5.3 多標本の場合

データの構造は，q 個の 2 変量正規分布 $N_2(\mu_{1i}, \mu_{2i}, \sigma_{1i}^2, \sigma_{2i}^2, \rho)$ $(i = 1, \ldots, q)$ において，

$$
\begin{pmatrix} x_{i1} \\ y_{i1} \end{pmatrix}, \ldots, \begin{pmatrix} x_{in_{1i}} \\ y_{in_{1i}} \end{pmatrix}, \quad \begin{matrix} x_{i1}^*, \ldots, x_{in_{2i}}^* & * \\ * & y_{i1}^*, \ldots, y_{in_{3i}}^* \end{matrix}
$$

とし，共通の相関係数 ρ を推定するものとする．

Minami and Shimizu (1997) [51] は，各 i について $\sigma_{1i}^2 = \sigma_{2i}^2$ の仮定の下で，共通の ρ の最尤 (ML) 推定値と**制限付き最尤** (REML: REstricted Maximum Likelihood) **推定値**を求める方程式（ML は $(6q+1)$ 次方程式，REML は $(8q+1)$ 次方程式）を導いた．また，分散安定化変換も与えている．

$\sigma_{1i}^2 = \sigma_{2i}^2$ ではない一般の場合には，Minami and Shimizu (1998) [52] が最尤推定値と制限付き最尤推定値の満たすべき方程式を導いている．また，分散安定化変換も与えた．表現は複雑であるので，割愛する．同論文では，ハイイロカンガルーの頭蓋骨データ例を与え，REML は ML よりも偏りが小さく $|\rho| < 0.8$ ならば平均二乗誤差が小さいという意味でよいこと，REML に基づく分散安定化変換の使用が推奨されることがシミュレーションにより調べられている．

6 シリンダー上の変数の相関係数

2 変数のデータの場合に，Pearson の相関係数は 2 変数間の直線的な関連性の尺度として用いられることをすでに学んだ．では，風速と風向のように 2 変数の一方は直線的で他方は角度を表すデータのとき，2 変数間の相関係数として Pearson の相関係数を用いることに不都合はないのだろうか？その問いの答として，一般的には不都合がある，と言わねばならない．本章では，どのように不都合が生じるのかについて述べるが，そのつぎには Pearson の相関係数に代わり 2 変数間の関連性の尺度をどのように定義すれば不都合が解消されるのかが関心の対象となる．角度データには直線的なデータにおいては見られない特徴があるので，モデル化のさいには注意が必要である[1]．直線的と角度の 2 変数データは，図形の言葉を借りて，シリンダー（正円柱）上のデータと解釈すると都合がよい．

1) 角度を含むデータの統計学は**方向統計学** (Directional Statistics) と呼ばれており，いくつかの良書が知られている．ここでは，Mardia and Jupp (2000) [47] と Jammalamadaka and SenGupta (2001) [37] の書籍をあげておく．なお，清水 (2018a) [10] による和書がある．

6.1 シリンダー上のデータ

ここでいう**シリンダー** (cylinder) とは，ある直線から等距離の点の集合であり，図形的には図 6.1 に示すように円筒もしくは正円柱の表面のことをいう．シリンダーの上の点 (x, θ) は直線と円の交点として表されるので，変数の組 (x, θ) のデータはシリンダー上のデータと呼ばれる．より分かりやすくするために，例を用いて説明を加えることにしよう．

シリンダー上のデータの典型的な例として，AMeDAS（Automated Meteorological Data Acquisition System 地域気象観測システム）における（風速，風向）の観測値を考えてみる．風速 x は非負 $(x \geq 0)$ の値を取り m/s（メートル/秒）で表される．風

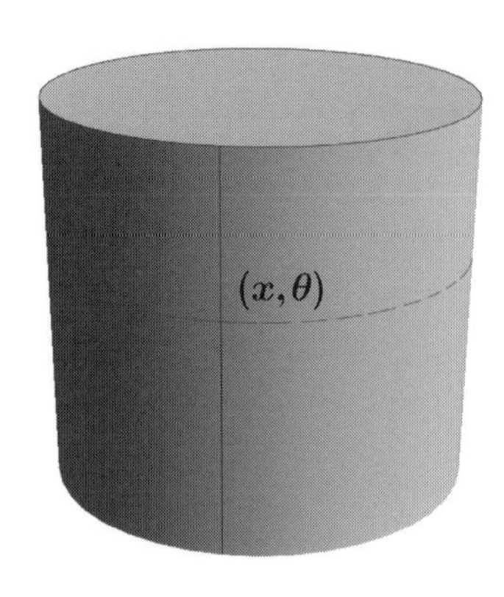

図 6.1 シリンダーとその上の点 (x, θ).

向[2] θ は，AMeDAS では 16 方位で（北，北北東，北東，...，北北西）のように表されるが，度数法を用いて北を $0°$ とし時計回りを正とすれば $(0°, 22.5°, 45°, \ldots, 337.5°)$ と書くことができる．たとえば 30 日からなる月の 1 日から 30 日までの正午の（風速，風向）の観測値は $(x_1, \theta_1)', \ldots, (x_{30}, \theta_{30})'$ のように表現される．ここで，$(x_j, \theta_j)'$ $(j = 1, \ldots, 30)$ は第 j 日目の風速 x_j と風向 θ_j の組を表す．度数法による全方位角 $360°$ は弧度法では 2π（ラジアン radian）に相当するので，度数法による $(0°, 22.5°, 45°, \ldots, 337.5°)$ を弧度法で表すと $(0, \pi/8, \pi/4, \ldots, 15\pi/8)$ となる．数理的には，弧度法を採用すると都合がよい．シリンダー上のデータの取りうる値の範囲は，一般的に，線形な量 x と角度 θ に対して $\mathcal{C} = \{(x, \theta) | -\infty < x < \infty,\ 0 \leq \theta < 2\pi\}$ と表記されるが，実際の観測値は，たとえば風速 $(x \geq 0)$ のように，$\mathcal{C}$ の部分集合のみを取るかも知れないので，適宜にデータの範囲を選択することになる．なお，データの範囲として $\mathcal{C} = \{(x, \theta) | -\infty < x < \infty,\ -\pi \leq \theta < \pi\}$ を採用しても差支えはないし，また，反時計回りを角度の正の向きとしても構わない．角度 θ は，$\cos^2\theta + \sin^2\theta = 1$ を満たすので，単位円周上の点と同一視される．このことにより，(x, θ) がシリンダー上の 1 点を表すことが理解され，直線的な変数と角度の変数の組の系列で表されるデータをシリンダー上のデータと呼ぶ理由がはっきりした．

[2] たとえば，「北風」もしくは「北の風」は北から南に向かって吹く風のことをいう．

データの散布図を描くことは，分布状況を視覚的に把握するための有効な手段と考えられる．データはシリンダー上に分布するので，シリンダー上の 3 次元プロットを使って散布図を描くことができるが，分布状況を把握するのには困難が伴うかも知れない．そのような困難を避けるためには，シリンダーを切り開いて，横軸を x 軸，縦軸を θ 軸として，平面上にデータをプロットして散布状況を見る方法がよく取られる．シリンダーを切り開いて平面上に表すので，直線 $\theta = 0$（x 軸）と直線 $\theta = 2\pi$ は同一の直線を表すことに注意しよう．したがって，x の値がほぼ同じであって，直線 $\theta = 0$ 付近のデータと直線 $\theta = 2\pi$ 付近のデータはシリンダー上では比較的近くに分布することを意味する．図 6.2 に，2018 年 9 月東京における正午の風向（度数法）・風速 (m/s)・気圧 (hPa) の AMeDAS データから (a)（風速，風向），(b)（気圧，風向）の散布図を描いてみた．南 ($\theta = 180°$) 方向からの風のときに風速が大きく，気圧が低い様子が見られる．参考のために，(c)（風速，気圧）の散布図も与えた．風速が大きいとき気圧が低い傾向がある．また，図 6.3 に，blue periwinkles（タマキビの 1 種）の移動距離 (m) と角度（度数法）の散布図を示す[3)]．

[3)] データは Fisher (1993) [31] にある．また，データの解析は，Fisher の本の中とともに，つぎの文献中にある：Pewsey *et al.* (2013) [57], Abe and Ley (2017) [18], Imoto *et al.* (2019) [35]．海の方向は約 275° であり，個体の多くが海とは反対の方向に移動している．

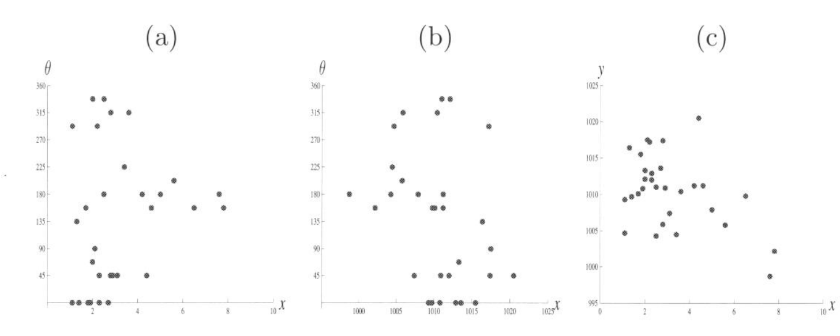

図 6.2 2018 年 9 月東京における正午の風向・風速・気圧 AMeDAS データからの散布図：(a)（風速，風向），(b)（気圧，風向），(c)（風速，気圧）

6.2 Pearson の相関係数は使用可能か？

データ $(x_1, \theta_1)', \ldots, (x_n, \theta_n)'$ に対して，x と θ の間の関係の程度を測るために Pearson の相関係数

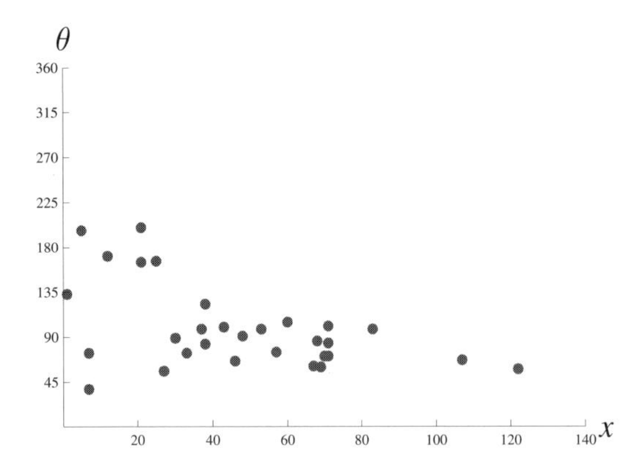

図 **6.3** linear plot: Movements of Blue Periwinkles (cf. Fisher, 1993 [31])

$$r_{x\theta} = \frac{\sum_{j=1}^{n}(x_j - \overline{x})(\theta_j - \overline{\theta}^*)}{\sqrt{\sum_{j=1}^{n}(x_j - \overline{x})^2 \sum_{j=1}^{n}(\theta_j - \overline{\theta}^*)^2}},$$

$$\overline{x} = \frac{1}{n}\sum_{j=1}^{n} x_j, \quad \overline{\theta}^* = \frac{1}{n}\sum_{j=1}^{n} \theta_j$$

を適用できるかについて考えてみる．x_j は直線的な量だから平均としての $\overline{x}$ は意味があるが，はたして角度 θ_j に対して算術平均 $\overline{\theta}^*$ を計算することは意味があるのだろうか？結論的には，θ_j が度数法で言えば $0°$ から $360°$，弧度法で言えば $[0, 2\pi)$ もしくは $[-\pi, \pi)$ を全体にわたって分布するときには，角度に対して算術平均を使用することは適切でなく，ベクトルの意味での平均を用いるべきである．角度のデータが狭い範囲にだけ分布するときはその限りでなく，算術平均の使用には慎重さが望まれるけれども算術平均を使用することに問題はない．

角度 θ_j の算術平均 $\overline{\theta}^*$ は，原点，角度の範囲，正の向きの取り方によって異なる値となることがある．例として，図 6.4(a) におけるように，基線から反時計回りを正とし，角度の範囲を $[0, 2\pi)$ として，二つの角度 $\theta_1 = \pi/6$ $(= 30°)$ と $\theta_2 = 11\pi/6$ $(= 330°)$ の「平均」について考えてみよう．「平均」は直観的には何らかの意味で中心的な傾向を表す概念であるので，この例の場合の「平均」は直観的には 0 ラジアン（基線の正の方向）である．しかし，算術平均を取ると，$(\theta_1 + \theta_2)/2 = \pi$ となってしまう．θ の取りうる値の範囲を $[-\pi, \pi)$

と取れば，この場合は $\theta_1 = \pi/6\ (= 30^\circ)$ と $\theta_2 = -\pi/6\ (= -30^\circ)$ であるので，θ_1 と θ_2 の算術平均は 0 となるが，別の例（図 6.4(b)）で，区間 $[-\pi, \pi)$ において反時計回りを正とし $\theta_1 = 5\pi/6\ (= 150^\circ)$ と $\theta_2 = -5\pi/6\ (= -150^\circ)$ では算術平均は 0 となり，直観的な「平均」の方向の $-\pi$（基線の負の方向）に一致しない．

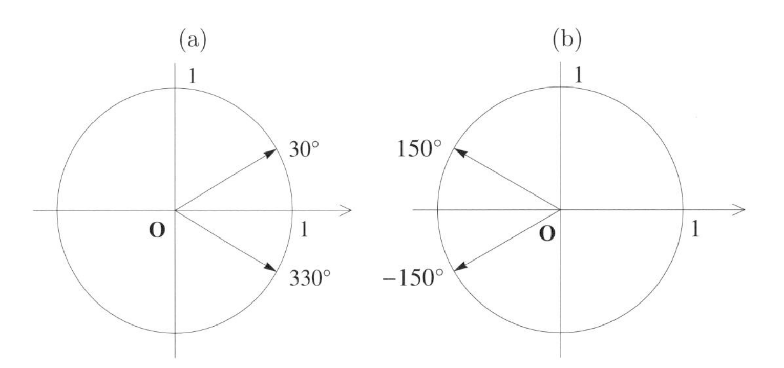

図 6.4 二つの角度の算術平均と平均合成ベクトルの方向：(a) 区間 $[0, 2\pi)$ における二つの角度 $\theta_1 = \pi/6\ (= 30^\circ)$ と $\theta_2 = 11\pi/6\ (= 330^\circ)$ の場合．算術平均は π，平均合成ベクトルの方向は 0（ラジアン）．(b) 区間 $[-\pi, \pi)$ における二つの角度 $\theta_1 = 5\pi/6\ (= 150^\circ)$ と $\theta_2 = -5\pi/6\ (= -150^\circ)$ の場合．算術平均は 0（ラジアン），平均合成ベクトルの方向は $-\pi$.

角度に対しては，角度 θ の取りうる値の範囲を $[0, 2\pi)$ と取っても $[-\pi, \pi)$ と取っても，0 をどこに取っても，また正の向きが時計回りでも反時計回りでも，同じ値となるような「平均」の概念が望まれる．このためには，角度 θ を，原点 O 中心の単位円周上の点と同一視し，原点 O から単位円周上の点へのベクトルと考えることにより，問題が解決される．結局，合成ベクトルの平均（平均合成ベクトル）の方向として「平均方向」を定義することになる．そうすると，不都合は解消される．たとえば，角度の範囲を $[0, 2\pi)$ として，二つの角度 $\theta_1 = \pi/6$ と $\theta_2 = 11\pi/6$ の場合（図 6.4(a)），θ_1 を表すベクトルは $(\cos\theta_1, \sin\theta_1)' = (\sqrt{3}/2, 1/2)'$ であり，θ_2 を表すベクトルは $(\sqrt{3}/2, -1/2)'$ だから，平均合成ベクトルは $\left\{(\sqrt{3}/2, 1/2)' + (\sqrt{3}/2, -1/2)'\right\}/2 = (\sqrt{3}/2, 0)'$ となり，平均合成ベクトルの方向は確かに 0（θ 軸の正の方向）となる．また，θ の取りうる値の範囲を $[-\pi, \pi)$ として，$\theta_1 = \pi/6$ と $\theta_2 = -\pi/6$ の場合も，

θ_1 と θ_2 の平均合成ベクトル $\left\{(\sqrt{3}/2, 1/2)' + (\sqrt{3}/2, -1/2)'\right\}/2 = (\sqrt{3}/2, 0)'$ の方向は，もちろん，0（θ 軸の正の方向）となり，$\theta_1 = 5\pi/6$ と $\theta_2 = -5\pi/6$ の場合（図 6.4(b)）は，θ_1 と θ_2 の平均合成ベクトル $\left\{(-\sqrt{3}/2, 1/2)' + (-\sqrt{3}/2, -1/2)'\right\}/2 = (-\sqrt{3}/2, 0)'$ の方向は $-\pi$ となる．

特殊な例として，角度として計測されはするが，物理学的もしくは生物学的にたとえば範囲 A $= [0°, 270°]$ にしか値が現れないような現象に対して平均ベクトルの方向を取ると範囲 A を越えてしまうことが起こり得る．例として，$\theta_1 = 30° = (\sqrt{3}/2, 1/2)'$ と $\theta_2 = 240° = (-1/2, -\sqrt{3}/2)'$ としてみる．そうすると，平均ベクトル $((\sqrt{3}-1)/4, -(\sqrt{3}-1)/4)'$ の方向は範囲 A の中に入らない．一方，算術平均は 135° となり，範囲 A の中にある．このような例では，角度として計測されるにしても直線的なデータとして取扱われるべきであることが示唆されるので，注意が必要である．

6.3 平均方向の計算

平均合成ベクトルの方向を**平均方向** (mean direction) という．大きさ n の角度データ $\theta_1, \ldots, \theta_n$ の標本平均方向は，**合成ベクトル** (resultant vector)

$$\begin{pmatrix} C \\ S \end{pmatrix} = \begin{pmatrix} \sum_{j=1}^{n} \cos\theta_j \\ \sum_{j=1}^{n} \sin\theta_j \end{pmatrix}$$

の方向 $\overline{\theta}$，もしくは同値的に，**平均合成ベクトル** (mean resultant vector)

$$\begin{pmatrix} \overline{C} \\ \overline{S} \end{pmatrix} = \begin{pmatrix} \frac{1}{n}\sum_{j=1}^{n} \cos\theta_j \\ \frac{1}{n}\sum_{j=1}^{n} \sin\theta_j \end{pmatrix}$$

の方向のことをいう．標本平均方向は，直観的には $\tan\overline{\theta} = S/C = \overline{S}/\overline{C}$ を満たす $\overline{\theta}$ のことであるが，θ_j が区間 $[0, 2\pi)$ 内に値を取る場合，$\overline{\theta}$ $(\in [0, 2\pi))$ は，C と S の符号によって，次式

$$\overline{\theta} = \begin{cases} \tan^{-1}(S/C), & C > 0,\ S \geq 0 \\ \pi/2, & C = 0,\ S > 0 \\ \tan^{-1}(S/C) + \pi, & C < 0 \\ 3\pi/2, & C = 0,\ S < 0 \\ \tan^{-1}(S/C) + 2\pi, & C > 0,\ S < 0 \end{cases}$$

で表すことができる．また，θ_j が区間 $[-\pi, \pi)$ 内に値を取る場合，$\overline{\theta}$ $(\in [-\pi, \pi))$ は，

$$\overline{\theta} = \begin{cases} \tan^{-1}(S/C) - \pi, & C < 0,\ S \leq 0 \\ -\pi/2, & C = 0,\ S < 0 \\ \tan^{-1}(S/C), & C > 0 \\ \pi/2, & C = 0,\ S > 0 \\ \tan^{-1}(S/C) + \pi, & C < 0,\ S > 0 \end{cases}$$

と表される．ここで，逆正接関数の値域は主値を採用し，$\tan^{-1}(\cdot) \in (-\pi/2, \pi/2)$ である．$C = S = 0$ のときには標本平均方向は定義されない．

平均合成ベクトル $(C/n, S/n)'$ の大きさ $\overline{R} = \sqrt{C^2 + S^2}/n$ は標本**平均合成ベクトル長** (mean resultant length) と呼ばれ，$0 \leq \overline{R} \leq 1$ を満たす．$\overline{R}$ は，標本平均方向へのデータの**集中度** (concentration) を表す．直線的データの場合の分散に相当する量として，データの広がりの程度を表す**円周分散** (circular variance) は $1 - \overline{R}$ で定義される．

区間 $[0, 2\pi)$ 内に値を取る角度の確率変数 Θ の場合，平均方向，平均合成ベクトル長，集中度，円周分散はつぎのように定義される．まず，Θ の p $(p = 1, 2, 3, \ldots)$ 次**三角モーメント** (p-th trigonometric moment) は $\phi_p = E(e^{\mathrm{i}p\Theta})$ で定義される．ここで，i は虚数単位 $\mathrm{i} = \sqrt{-1}$ を表す．1 次三角モーメント ϕ_1 を $\phi_1 = \rho e^{\mathrm{i}\mu}$ $(\rho \geq 0)$ と表すとき，ρ を平均合成ベクトル長といい，$\rho > 0$ のとき μ を平均方向という．$\rho = 0$ のとき，平均方向は定義されない．ρ については，$0 \leq |\phi_1| \leq E(|e^{\mathrm{i}\Theta}|) = 1$ から $0 \leq \rho \leq 1$ であり，$1 - \rho$ は円周分散と呼ばれる．

上記のように，直線的データにおける「平均」および「分散」に代わり，角度のデータに対しては類似の概念として「平均方向」および「円周分散」が用いられる．したがって，直線的変数と角度変数の間

の関係を表す相関係数においても，2 変数間の直接的な Pearson の相関係数とは異なる定義が用いられることになる．次節で，シリンダー上のデータに対する相関係数の一つの定義を与える[4]．

[4] 相関係数の定義として，角度データに対して circular ランク，直線的データに対して順位を用いる方法や C (cylindrical)-association を用いる方法が知られている（たとえば，Mardia and Jupp (2000) [47] 参照）が割愛する．

6.4 埋込み法による相関係数の定義

シリンダー上の確率ベクトル $(X, \Theta)'$ は線形確率変数 X と角度確率変数（円周上の確率変数）Θ の組からなる．角度確率変数 Θ を単位円周上のベクトル $\boldsymbol{U} = (\cos\Theta, \sin\Theta)'$ と同一視し，2 次元定数ベクトル $\boldsymbol{a}$ に対し，X と $\boldsymbol{a}'\boldsymbol{U}$（$\boldsymbol{U}$ の一次結合）の間の相関係数 $\mathrm{Corr}(X, \boldsymbol{a}'\boldsymbol{U})$ を $\boldsymbol{a}$ に関して最大にするような値を**埋込み法** (embedding approach) による X と Θ の間の相関係数と呼ぶことにする．

埋込み法による相関係数の定義は，第 4.2 節の「重相関係数」の箇所で述べた方法に対応する．X と $\boldsymbol{a}'\boldsymbol{U}$ の間の相関係数は

$$\mathrm{Corr}(X, \boldsymbol{a}'\boldsymbol{U}) = \frac{\mathrm{Cov}(X, \boldsymbol{a}'\boldsymbol{U})}{\sqrt{\mathrm{Var}(X)\mathrm{Var}(\boldsymbol{a}'\boldsymbol{U})}} = \frac{\boldsymbol{a}'\boldsymbol{c}}{\sqrt{\mathrm{Var}(X)\boldsymbol{a}'\Sigma\boldsymbol{a}}}$$

となる．ここで，

$$\boldsymbol{c} = (\mathrm{Cov}(X, \cos\Theta), \mathrm{Cov}(X, \sin\Theta))' \ (\equiv (C_{xc}, C_{xs})')$$

および

$$\Sigma = \begin{pmatrix} \mathrm{Var}(\cos\Theta) & \mathrm{Cov}(\cos\Theta, \sin\Theta) \\ \mathrm{Cov}(\sin\Theta, \cos\Theta) & \mathrm{Var}(\sin\Theta) \end{pmatrix}$$
$$\left(\equiv \begin{pmatrix} C_{cc} & C_{cs} \\ C_{sc} & C_{ss} \end{pmatrix},\ C_{cs} = C_{sc} \right)$$

を表す．$\mathrm{Corr}(X, \boldsymbol{a}'\boldsymbol{U})$ を制約条件 $\boldsymbol{a}'\Sigma\boldsymbol{a} = 1$ の下で $\boldsymbol{a}$ に関して最大化をするので，Lagrange 法を用いる．

ξ を乗数とする Lagrange 関数

$$L(\boldsymbol{a}) = \boldsymbol{a}'\boldsymbol{c} - \frac{\xi}{2}(\boldsymbol{a}'\Sigma\boldsymbol{a} - 1)$$

を定義し，$L(\boldsymbol{a})$ を $\boldsymbol{a}$ について微分して $\boldsymbol{0}$ とおくと，

$$\frac{\partial L(\boldsymbol{a})}{\partial \boldsymbol{a}} = \boldsymbol{c} - \xi \Sigma \boldsymbol{a} = \boldsymbol{0}$$

となる．左から $\boldsymbol{a}'$ を乗じると，

$$\boldsymbol{a}'\boldsymbol{c} - \xi \boldsymbol{a}' \Sigma \boldsymbol{a} = \boldsymbol{a}'\boldsymbol{c} - \xi = 0$$

だから，ξ は $\boldsymbol{a}$ と $\boldsymbol{c}$ によって $\xi = \boldsymbol{a}'\boldsymbol{c}$ と表される．Lagrange 乗数 ξ を $\boldsymbol{c}$ のみで $\boldsymbol{a}$ を入れずに表すために，式 $\boldsymbol{c} = \xi \Sigma \boldsymbol{a}$ において左から Σ^{-1} を乗じると $\Sigma^{-1}\boldsymbol{c} = \xi \Sigma^{-1} \Sigma \boldsymbol{a} = \xi \boldsymbol{a}$ となり，さらにこの式に左から $\boldsymbol{c}'$ を乗じると $\boldsymbol{c}'\Sigma^{-1}\boldsymbol{c} = \xi \boldsymbol{c}'\boldsymbol{a}$ となる．いま，$\xi = \boldsymbol{a}'\boldsymbol{c} = \boldsymbol{c}'\boldsymbol{a}$ だから，最終的に $\xi^2 = \boldsymbol{c}'\Sigma^{-1}\boldsymbol{c}$ となることが分かった．

よって，相関係数の最大値 $R_{X\Theta}$ の 2 乗は

$$R_{X\Theta}^2 = \frac{\xi^2}{\mathrm{Var}(X)} = \frac{\boldsymbol{c}'\Sigma^{-1}\boldsymbol{c}}{\mathrm{Var}(X)}$$

と表現される．$C_{xx} = \mathrm{Var}(X)$ とおき，簡略化された記法を用いて $R_{X\Theta}^2$ を計算すると，

$$\begin{aligned} R_{X\Theta}^2 &= \frac{C_{xc}^2 C_{ss} - 2C_{cs}C_{xc}C_{xs} + C_{xs}^2 C_{cc}}{(C_{cc}C_{ss} - C_{cs}^2)C_{xx}} \\ &= \frac{R_{xc}^2 - 2R_{cs}R_{xc}R_{xs} + R_{xs}^2}{1 - R_{cs}^2} \end{aligned}$$

となる．最終式で R_{cs}, R_{xc}, R_{xs} は相関係数

$$R_{cs} = \mathrm{Corr}(\cos\Theta, \sin\Theta), \quad R_{xc} = \mathrm{Corr}(X, \cos\Theta),$$

$$R_{xs} = \mathrm{Corr}(X, \sin\Theta)$$

を表す．なお，X と Θ が独立であれば，明らかに $R_{X\Theta}^2 = 0$ となる．

データ $(x_1, \theta_1)', \ldots, (x_n, \theta_n)'$ に対しては，埋込み法による標本相関係数の 2 乗 $R_{x\theta}^2$ をつぎのように求める．角度 θ_j $(0 \le \theta_j < 2\pi;\ j = 1, \ldots, n)$ を $\cos\theta_j$ と $\sin\theta_j$ に変換し，$(\cos\theta_j, \sin\theta_j)'$ の Pearson の相関係数を r_{cs}，$(x_j, \cos\theta_j)'$ の Pearson の相関係数を r_{xc}，$(x_j, \sin\theta_j)'$ の Pearson の相関係数を r_{xs} として

$$R_{x\theta}^2 = \frac{r_{xc}^2 - 2r_{cs}r_{xc}r_{xs} + r_{xs}^2}{1 - r_{cs}^2}$$

とすればよい．第 6.1 節で示した例で $R_{x\theta}^2$ を求めたところ，風速・風

向データに対しては約 0.359，気圧・風向データに対しては約 0.351（風速・気圧データの Pearson の相関係数は約 −0.460），タマキビのデータに対しては約 0.294 であった．

6.5 シリンダー上の確率分布

シリンダー上の確率分布の研究は，1978 年に出版された Johnson and Wehrly [39] と Mardia and Sutton [48] の論文に遡る．その後，本分野の発展にはしばらくの空白期間があったが，最近になって再び活発に研究が行われており，研究発展の簡単なレビューは Ley and Verdebout (2017) [46] や清水 (2018b) [11] に見られる．ここでは，埋込み法による相関係数の例示のために，Johnson and Wehrly (1978) [39] による指数分布型確率分布（簡単に Johnson–Wehrly 分布）のみを取りあげる．

確率ベクトル $(X, \Theta)'$ の Johnson–Wehrly 分布の結合確率密度関数は，$x > 0$，$0 \leq \theta < 2\pi$ に対し，

$$f(x, \theta) = \frac{\sqrt{\lambda^2 - \kappa^2}}{2\pi} \exp\{-\lambda x + \kappa x \cos(\theta - \mu)\}$$

と表される．ここで，分布のパラメータは $0 \leq \kappa < \lambda$ および $0 \leq \mu < 2\pi$ である．$\kappa = 0$ のとき，X と Θ は独立で，それぞれ，指数分布と円周上の一様分布に従うことは明らかであろう．Johnson–Wehrly 分布において埋込み法による相関係数を求めるためには，$\mathrm{Cov}(\cos\Theta, \sin\Theta)$，$\mathrm{Var}(\cos\Theta)$，$\mathrm{Var}(\sin\Theta)$，$\mathrm{Cov}(X, \cos\Theta)$，$\mathrm{Cov}(X, \sin\Theta)$，$\mathrm{Var}(X)$ が計算できれば十分なので，さらに分解してモーメント $E(\cos\Theta)$，$E(\sin\Theta)$，$E[\cos(2\Theta)]$，$E[\sin(2\Theta)]$，$E(X\cos\Theta)$，$E(X\sin\Theta)$，$E(X)$，$E(X^2)$ を計算する．

6.5.1 X の周辺分布とモーメント

X の周辺分布の確率密度関数 $f_X(x)$ は，ν 次の**第 1 種変形 Bessel（ベッセル）関数** (modified Bessel function) $I_\nu(\cdot)$ の定義

$$I_\nu(z) = \frac{1}{2\pi}\int_0^{2\pi} \cos(\nu\theta)\, e^{z\cos\theta} d\theta = \sum_{j=0}^{\infty} \frac{1}{\Gamma(\nu + j + 1) j!} \left(\frac{z}{2}\right)^{2j+\nu}$$

において $\nu = 0$ の場合を使って，

$$f_X(x) = \sqrt{\lambda^2 - \kappa^2}\, I_0(\kappa x)\, e^{-\lambda x} \quad (x > 0)$$

となる．上式で $\kappa = 0$ ならば指数分布の確率密度関数に帰着するので，$f_X(x)$ は指数分布の確率密度関数に重み $I_0(\kappa x)$ がかかっている確率密度関数とみなすことができる．

X の p 次モーメント $\mu'_p = E(X^p)$ は，ガンマ分布の確率密度関数の積分

$$\int_0^\infty \frac{1}{\beta^\alpha \Gamma(\alpha)}\, x^{\alpha-1} e^{-x/\beta} dx = 1 \quad (\alpha, \beta > 0)$$

とガンマ関数の倍数公式を用いて計算すると，$p > -1$ に対し，

$$\begin{aligned}\mu'_p &= \int_0^\infty x^p f_X(x) dx \\ &= \frac{\sqrt{\lambda^2 - \kappa^2}}{\lambda^{p+1}}\, \Gamma(p+1)\, {}_2F_1\left(\frac{p+1}{2}, \frac{p}{2} + 1; 1; \left(\frac{\kappa}{\lambda}\right)^2\right)\end{aligned}$$

と，Gauss の超幾何関数を使って表現できることが分かる．特に $p = 0$ とおくと，公式

$$(1-z)^{-\alpha} = \sum_{j=0}^\infty \binom{-\alpha}{j} (-z)^j = {}_1F_0(\alpha; z)$$

から[5)]，確かに

$$\begin{aligned}\mu'_0 =& \frac{\sqrt{\lambda^2 - \kappa^2}}{\lambda}\, {}_2F_1\left(\frac{1}{2}, 1; 1; \left(\frac{\kappa}{\lambda}\right)^2\right) \\ =& \frac{\sqrt{\lambda^2 - \kappa^2}}{\lambda}\, {}_1F_0\left(\frac{1}{2}; \left(\frac{\kappa}{\lambda}\right)^2\right) = 1\end{aligned}$$

となる．また，$p = 1$ とおくと，

$$\begin{aligned}\mu'_1 =& \frac{\sqrt{\lambda^2 - \kappa^2}}{\lambda^2}\, {}_2F_1\left(1, \frac{3}{2}; 1; \left(\frac{\kappa}{\lambda}\right)^2\right) \\ =& \frac{\sqrt{\lambda^2 - \kappa^2}}{\lambda^2}\, {}_1F_0\left(\frac{3}{2}; \left(\frac{\kappa}{\lambda}\right)^2\right) = \frac{\lambda}{\lambda^2 - \kappa^2}\end{aligned}$$

を得る．さらに，$p = 2$ とおくと，

$$\mu'_2 = \frac{2\sqrt{\lambda^2 - \kappa^2}}{\lambda^3}\, {}_2F_1\left(\frac{3}{2}, 2; 1; \left(\frac{\kappa}{\lambda}\right)^2\right)$$

であるが，Gauss の超幾何関数の公式

5) 関数 ${}_1F_0$ は一般化された超幾何関数のクラスに属する．

$$ {}_2F_1(a,b;c,z) = (1-z)^{c-a-b}{}_2F_1(c-a,c-b;c;z) $$

もしくは

$$ {}_2F_1(a,b;c,z) = (1-z)^{-a}{}_2F_1\left(a,c-b;c;\frac{z}{z-1}\right) $$

を使うと，$\mu_2' = (2\lambda^2+\kappa^2)/(\lambda^2-\kappa^2)^2$ を得る．

6.5.2 Θ の周辺分布とモーメント

Θ の周辺分布の確率密度関数 $f_\Theta(\theta)$ は，

$$ f_\Theta(\theta) = \int_0^\infty f(x,\theta)dx = \frac{\sqrt{\lambda^2-\kappa^2}}{2\pi\{\lambda-\kappa\cos(\theta-\mu)\}} \quad (0 \le \theta < 2\pi) $$

となる．この確率密度関数を持つ分布は，方向統計学の分野において，**巻込み Cauchy 分布** (wrapped Cauchy distribution) $\mathrm{WC}(\mu,\kappa(\lambda+\sqrt{\lambda^2-\kappa^2})^{-1})$ として知られている．ここで，$\mathrm{WC}(\mu,\rho)$ の確率密度関数は，$0 \le \mu < 2\pi$，$0 \le \rho < 1$ に対し，

$$ f_{\mathrm{WC}}(\theta) = \frac{1-\rho^2}{2\pi\{1+\rho^2-2\rho\cos(\theta-\mu)\}} \quad (0 \le \theta < 2\pi) $$

で与えられる．

$\mathrm{WC}(\mu,\rho)$ に従う確率変数 Θ^* の q 次三角モーメントは

$$ E(e^{\mathrm{i}q\Theta^*}) = \rho^q e^{\mathrm{i}q\mu} $$

と表されるので，Θ が $\mathrm{WC}(\mu,\kappa(\lambda+\sqrt{\lambda^2-\kappa^2})^{-1})$ に従うとき，

$$ \begin{aligned} E(\cos\Theta) &= \frac{\kappa}{\lambda+\sqrt{\lambda^2-\kappa^2}}\cos\mu, \\ E(\sin\Theta) &= \frac{\kappa}{\lambda+\sqrt{\lambda^2-\kappa^2}}\sin\mu, \\ E[\cos(2\Theta)] &= \left(\frac{\kappa}{\lambda+\sqrt{\lambda^2-\kappa^2}}\right)^2\cos(2\mu), \\ E[\sin(2\Theta)] &= \left(\frac{\kappa}{\lambda+\sqrt{\lambda^2-\kappa^2}}\right)^2\sin(2\mu) \end{aligned} $$

となる．モーメントに関するこれらの式は，公式

$$ \frac{1}{2\pi}\int_0^{2\pi}\frac{dt}{(1-z\cos t)^a} = {}_2F_1\left(\frac{a}{2},\frac{a+1}{2};1;z^2\right) \quad (|z|<1) $$

を使って直接的に計算することもできる．また，この公式は，つぎの積モーメントの評価にも有効である．

6.5.3 積モーメント

積モーメント $E(X\cos\Theta)$ は，直接的に計算を実行すると，

$$
\begin{aligned}
E(X\cos\Theta) &= \int_0^{2\pi}\int_0^{\infty} x\cos\theta f(x,\theta)dxd\theta \\
&= \int_0^{2\pi} \frac{\sqrt{\lambda^2-\kappa^2}}{2\pi}\cos\theta\,\frac{1}{\{\lambda-\kappa\cos(\theta-\mu)\}^2}\,d\theta
\end{aligned}
$$

を得る．ここにおいて，第 6.5.2 項に述べた公式と先にあげた公式 ${}_1F_0(\alpha;z)=(1-z)^{-\alpha}$ を使うと，与式は

$$
\begin{aligned}
E(X\cos\Theta) &= -\frac{\sqrt{\lambda^2-\kappa^2}}{2\pi\lambda\kappa}\cos\mu\left[\int_0^{2\pi}\frac{1}{1-(\kappa/\lambda)\cos\theta}\,d\theta\right. \\
&\qquad \left.-\int_0^{2\pi}\frac{1}{\{1-(\kappa/\lambda)\cos\theta\}^2}\,d\theta\right] \\
&= \frac{\kappa}{\lambda^2-\kappa^2}\cos\mu
\end{aligned}
$$

となる．同様な計算により，

$$
E(X\sin\Theta) = \frac{\kappa}{\lambda^2-\kappa^2}\sin\mu
$$

となることが分かる．

6.5.4 相関係数

埋込み法による相関係数の 2 乗 $R^2_{X\Theta}$ を求めるための $C_{cc}=\mathrm{Var}(\cos\Theta)$，$C_{ss}=\mathrm{Var}(\sin\Theta)$，$C_{cs}=\mathrm{Cov}(\cos\Theta,\sin\Theta)$，$C_{xx}=\mathrm{Var}(X)$，$C_{xc}=\mathrm{Cov}(X,\cos\Theta)$，$C_{xs}=\mathrm{Cov}(X,\sin\Theta)$ は，

$$
\begin{aligned}
C_{cc} &= C_{ss} = \frac{\sqrt{\lambda^2-\kappa^2}}{\lambda+\sqrt{\lambda^2-\kappa^2}}, \\
C_{cs} &= 0, \\
C_{xx} &= \frac{\lambda^2+\kappa^2}{(\lambda^2-\kappa^2)^2}, \\
C_{xc} &= \frac{\kappa}{\sqrt{\lambda^2-\kappa^2}\,(\lambda+\sqrt{\lambda^2-\kappa^2})}\cos\mu, \\
C_{xs} &= \frac{\kappa}{\sqrt{\lambda^2-\kappa^2}\,(\lambda+\sqrt{\lambda^2-\kappa^2})}\sin\mu
\end{aligned}
$$

となる．よって，

$$R_{X\Theta}^2 = \frac{\sqrt{\lambda^2-\kappa^2}\,(\lambda-\sqrt{\lambda^2-\kappa^2})}{\lambda^2+\kappa^2}$$

を得る[6]．

$R_{X\Theta}^2$ は，$c=\kappa/\lambda$ とおくと $0 \le c < 1$ であって，

$$R_{X\Theta}^2 = \frac{\sqrt{1-c^2}\,(1-\sqrt{1-c^2})}{1+c^2}$$

と表される．図 6.5 は $R_{X\Theta}^2$ のグラフを示している．$c=0$ のとき，X と Θ は独立だから，明らかに $R_{X\Theta}^2=0$ である．$R_{X\Theta}^2$ は，$c=\sqrt{4\sqrt{2}-5}\approx 0.810$ のとき，最大値 $R_{X\Theta}^2=(\sqrt{2}+1)\{\sqrt{6-4\sqrt{2}}-(6-4\sqrt{2})\}/4 \approx 0.146$ を取る．

[6] 実は，Imoto *et al.* (2019) [35] で，Johnson–Wehrly 分布を特別な場合として含むシリンダー上の分布において埋込み法による相関係数が求められている．

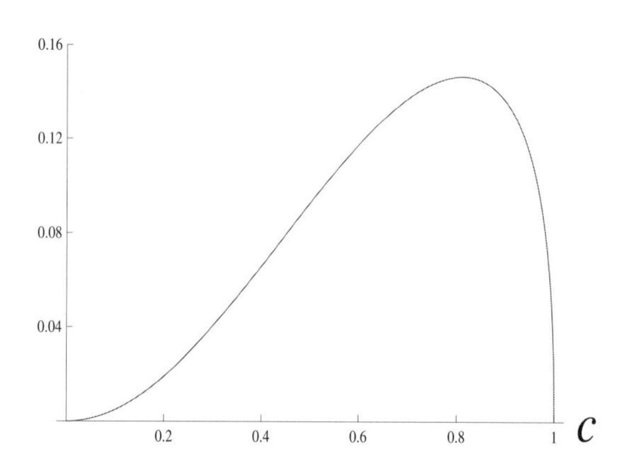

図 6.5 Johnson–Wehrly 分布の場合の埋込み法による相関係数の 2 乗 $R_{X\Theta}^2$ $(c=\kappa/\lambda)$.

7 トーラス上の変数の相関係数

第 6 章において，角度変数の扱いは直線的変数のときと異なる部分があることを述べ，シリンダー上の変数のときの埋込み法による相関係数の定義について解説を与えた．トーラス上のデータ，たとえば一つの観測地点で二つの異なる時刻に観測される風向や二つの観測地点で同時に観測される風向のような二つの角度変数のデータ，においても，一般には直接的に Pearson の相関係数を用いることには不都合がある．本章では，二つの角度変数のモデル化および相関係数のいくつかの定義について紹介する．

7.1 トーラス上のデータ

トーラス (torus) とは，リングドーナツの表面を思い浮かべればよく，図形的には図 7.1 のような円環面のことをいう．データとしては，ある観測地点において得られた朝 10 時と正午 12 時における風向 (θ, ϕ) のように，二つの単位円周の直積集合の要素と考えられる観測値を考えればよい．角度データは単位円周上のデータとみなすことができるので，依存性があるかも知れない 2 変数角度データを，幾何学の言葉を借りて，トーラス上のデータ[1] と呼ぶ．大きさ n のデータは $(\theta_1, \phi_1)', \ldots, (\theta_n, \phi_n)'$ のように表現される．代表的にはデータの取りうる値の範囲を $0 \leq \theta_j, \phi_j < 2\pi$ $(j = 1, \ldots, n)$ もしくは $-\pi \leq \theta_j, \phi_j < \pi$ $(j = 1, \ldots, n)$ として扱うが，必ずしもそれらに制限されるわけではなく，範囲が 2π であるような区間であれば問題はない．

データの分布状況を視覚的に把握するためにトーラス上に点をプロットするのでは，分布状況を判断しにくくなることがある．したがっ

[1] 最近，より一般に高次元トーラス (hyper-torus) 上のデータや第 6 章のシリンダー上のデータの一般化として高次元シリンダー (hyper-cylinder) 上のデータのモデリングに関する研究が進んでいる．

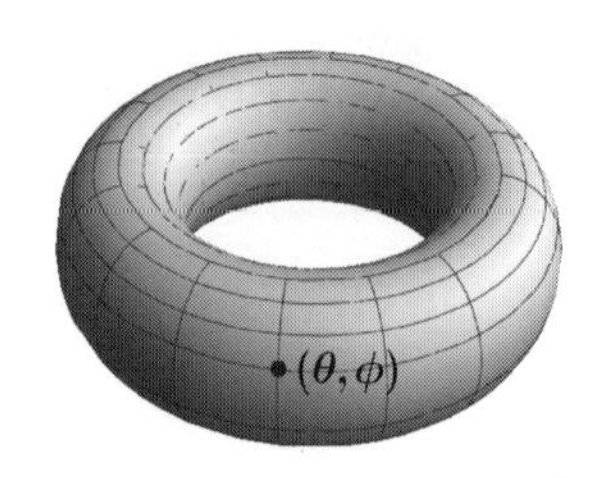

図 **7.1** トーラス（円環面）.

て，シリンダー上の散布図のときと同じように，適切な点（たとえば点 $(0,0)$）を通る二つの円でトーラスを切り開き，平面上に点をプロットして散布図を描く方法を取ることが多い．図 7.2 の (a) は 2019 年 6 月の東京における朝 10 時と正午 12 時の風向データ（国土交通省気象庁のサイト (https://www.data.jma.go.jp/obd/stats/etrn/index.php) から取得）の散布図を表す．また，図 7.2 の (b) は，テルモトガ (Thermotoga) 門とスルフォロブス (Sulfolobus) 属のそれぞれ一つずつの細菌について相同遺伝子の位置 (Shieh *et al.*, 2011 [61]) を散布図に表したものである．位置は，0° 以上，360° 未満で表される． 4 隅の点 $(0,0),(360,0),(0,360),(360,360)$ もしくは $(0,0),(0,2\pi),(2\pi,0),(2\pi,2\pi)$ はトーラス上では同一の点を表すことに注意しよう．なお，4 つ並べて描けば，中央に 4 隅が集中するようにできる（図 7.3）．

7.2 相関係数のいくつかの定義

シリンダー上のデータ・モデルと同様に，1 周にわたる角度のデータを想定するとき Pearson の相関係数は関係を表す量として都合が悪い．したがって，トーラス上のデータ・モデルに対して 2 変数間の関係を表す適切な相関係数の定義を必要とする．以下に，相関係数のいくつかの定義を与える[2]．トーラス上の確率ベクトルを $(\Theta,\Phi)'$ とし，Θ と Φ の取りうる値の範囲は $[0,2\pi)$ としておく．

[2] Mardia and Jupp (2000) [47] や Jammalamadaka and SenGupta (2001) [37] の書籍の中に相関係数についての詳しい解説がある．本書では，その中のいくつかと，その後の最近の成果を含めて解説を与えている．

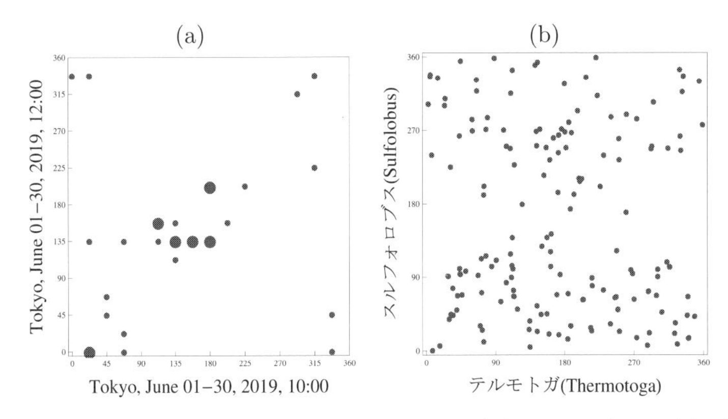

図 7.2 (a) 2019 年 6 月 1 日から 30 日までの東京における朝 10 時と正午 12 時の AMeDAS 風向データ（北風を 0° とし，時計回りに東，南，西）の散布図（大きい ● は同じ値が二つあることを意味している）と (b) テルモトガ (Thermotoga) 門とスルフォロブス (Sulfolobus) 属の二つの細菌の相同遺伝子の位置 (°) の散布図．

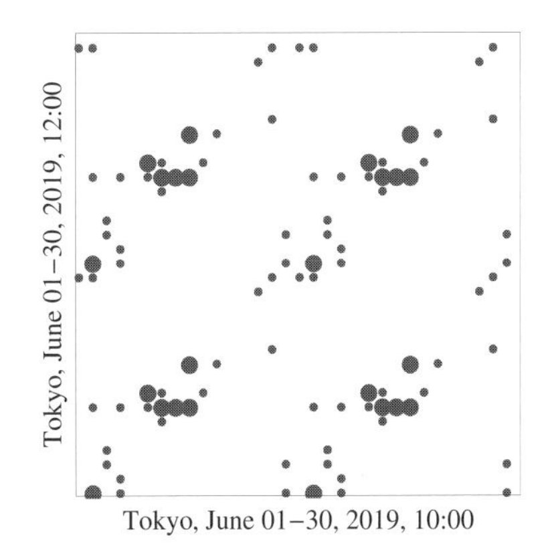

図 7.3 図 7.2(a) を 4 つ並べてプロット．図の中央に 4 隅が集中する．

7.2.1 埋込み法

シリンダー上のときと同様のアイディアで，トーラス上の変数に余弦および正弦変換を施すことにより，直線的なデータのときの正準相関係数に落とし込む方法を用いる．まず，トーラス上の確率ベクトル $(\Theta, \Phi)'$ から $\boldsymbol{U} = (\cos\Theta, \sin\Theta)'$ と $\boldsymbol{V} = (\cos\Phi, \sin\Phi)'$ をつくり，定数ベクトル $\boldsymbol{a}$ と $\boldsymbol{b}$ に対し一次結合 $\boldsymbol{a}'\boldsymbol{U}$ と $\boldsymbol{b}'\boldsymbol{V}$ の間の相関係数を計算する．$\boldsymbol{U}$ と $\boldsymbol{V}$ の共分散行列，$\boldsymbol{U}$ と $\boldsymbol{V}$ の間のクロス共分散行列を，それぞれ，

$$\Sigma_{11} = \begin{pmatrix} \mathrm{Var}(\cos\Theta) & \mathrm{Cov}(\cos\Theta, \sin\Theta) \\ \mathrm{Cov}(\sin\Theta, \cos\Theta) & \mathrm{Var}(\sin\Theta) \end{pmatrix},$$

$$\Sigma_{22} = \begin{pmatrix} \mathrm{Var}(\cos\Phi) & \mathrm{Cov}(\cos\Phi, \sin\Phi) \\ \mathrm{Cov}(\sin\Phi, \cos\Phi) & \mathrm{Var}(\sin\Phi) \end{pmatrix},$$

$$\Sigma_{12} = \begin{pmatrix} \mathrm{Cov}(\cos\Theta, \cos\Phi) & \mathrm{Cov}(\cos\Theta, \sin\Phi) \\ \mathrm{Cov}(\sin\Theta, \cos\Phi) & \mathrm{Cov}(\sin\Theta, \sin\Phi) \end{pmatrix} (\equiv \Sigma_{21}')$$

とおく．そうすると，$\boldsymbol{a}'\boldsymbol{U}$ と $\boldsymbol{b}'\boldsymbol{V}$ の間の相関係数は

$$\mathrm{Corr}(\boldsymbol{a}'\boldsymbol{U}, \boldsymbol{b}'\boldsymbol{V}) = \frac{\mathrm{Cov}(\boldsymbol{a}'\boldsymbol{U}, \boldsymbol{b}'\boldsymbol{V})}{\sqrt{\mathrm{Var}(\boldsymbol{a}'\boldsymbol{U})\mathrm{Var}(\boldsymbol{b}'\boldsymbol{V})}} = \frac{\boldsymbol{a}'\Sigma_{12}\boldsymbol{b}}{\sqrt{(\boldsymbol{a}'\Sigma_{11}\boldsymbol{a})(\boldsymbol{b}'\Sigma_{22}\boldsymbol{b})}}$$

と表される．

$\boldsymbol{U}$ と $\boldsymbol{V}$ の間の正準相関係数は相関係数 $\mathrm{Corr}(\boldsymbol{a}'\boldsymbol{U}, \boldsymbol{b}'\boldsymbol{V})$ を $\boldsymbol{a}'\Sigma_{11}\boldsymbol{a} = 1$ と $\boldsymbol{b}'\Sigma_{22}\boldsymbol{b} = 1$ の制約条件の下に $\boldsymbol{a}$ と $\boldsymbol{b}$ に関して最大化することによって求められる．それには，λ_1 と λ_2 を乗数とする Lagrange 関数を

$$L(\boldsymbol{a}, \boldsymbol{b}) = \boldsymbol{a}'\Sigma_{12}\boldsymbol{b} - \frac{\lambda_1}{2}(\boldsymbol{a}'\Sigma_{11}\boldsymbol{a} - 1) - \frac{\lambda_2}{2}(\boldsymbol{b}'\Sigma_{22}\boldsymbol{b} - 1)$$

とおき，$L(\boldsymbol{a}, \boldsymbol{b})$ を $\boldsymbol{a}$ と $\boldsymbol{b}$ に関して微分した式を $\boldsymbol{0}$ とおくと，第 4.3 節の「正準相関係数」の箇所で示したように，$\lambda_1 = \lambda_2 = \boldsymbol{a}'\Sigma_{12}\boldsymbol{b}\ (\equiv \lambda)$ となる．よって，λ^2 は 2×2 行列 $\Sigma_{11}^{-1}\Sigma_{12}\Sigma_{22}^{-1}\Sigma_{21}$ の固有値となる．固有値は 2 個あるが，それらの和 $R^2_{\Theta\Phi}$ を埋込み法による Θ と Φ の間の相関係数として採用することができる．$R^2_{\Theta\Phi}$ は，相関係数 Corr の記法により $r_{cc} = \mathrm{Corr}(\cos\Theta, \cos\Phi)$，$r_{cs} = \mathrm{Corr}(\cos\Theta, \sin\Phi)$，$r_{sc} = \mathrm{Corr}(\sin\Theta, \cos\Phi)$，$r_{ss} = \mathrm{Corr}(\sin\Theta, \sin\Phi)$，$r_1 = \mathrm{Corr}(\cos\Theta, \sin\Theta)$，$r_2 = \mathrm{Corr}(\cos\Phi, \sin\Phi)$ とおくとき，

$$\begin{aligned} R^2_{\Theta\Phi} &= \mathrm{tr}(\Sigma_{11}^{-1}\Sigma_{12}\Sigma_{22}^{-1}\Sigma_{21}) \\ &= \frac{1}{(1-r_1^2)(1-r_2^2)}[r_{cc}^2 + r_{cs}^2 + r_{sc}^2 + r_{ss}^2 \\ &\quad +2\{(r_{cc}r_{ss} + r_{cs}r_{sc})r_1r_2 - \\ &\quad (r_{cc}r_{cs} + r_{sc}r_{ss})r_2 - (r_{cc}r_{sc} + r_{cs}r_{ss})r_1\}] \end{aligned}$$

と求められる．ここで，tr はトレース記号を表す．$R^2_{\Theta\Phi}$ の値は，$0 \le \lambda^2 \le 1$ から $0 \le R^2_{\Theta\Phi} \le 2$ となるので，あらためて $R^2_{\Theta\Phi}/2$ を相関係数として定義すれば区間 $[0, 1]$ 内に値を取るようにできる．Θ

と Φ が独立であれば，$r_{cc}=r_{cs}=r_{sc}=r_{ss}=0$ となるので，明らかに $R^2_{\Theta\Phi}=0$ となる．

$R^2_{\Theta\Phi}$ をトーラス上のデータ $(\theta_j,\phi_j)'$, $j=1,\ldots,n$ $(n\geq 2)$ から推定するためには，相関係数 r_{cc} については

$$\hat{r}_{cc}=\frac{\sum_{j=1}^{n}(\cos\theta_j-\overline{\cos\theta})(\cos\phi_j-\overline{\cos\phi})}{\sqrt{\sum_{j=1}^{n}(\cos\theta_j-\overline{\cos\theta})^2\sum_{j=1}^{n}(\cos\phi_j-\overline{\cos\phi})^2}}$$

のように推定し r_{cc} に代入する．ここで，$\overline{\cos\theta}=\sum_{j=1}^{n}\cos\theta_j/n$，また，$\overline{\cos\phi}=\sum_{j=1}^{n}\cos\phi_j/n$ を表す．その他の相関係数 r_{cs},r_{sc},r_{ss}, r_1,r_2 についても同じように推定することにより，$R^2_{\Theta\Phi}$ の推定値 $R^2_{\theta\phi}$ を得る．

図 7.2 の (a) で示した 2019 年 6 月の東京における朝 10 時と正午 12 時の風向データの $R^2_{\theta\phi}$ を求めた結果，$R^2_{\theta\phi}\approx 1.006$ $(R^2_{\theta\phi}/2\approx 0.503)$ となった．また，(b) で示したテルモトガとスルフォロブスの細菌の相同遺伝子の位置については，非常に小さな値 $R^2_{\theta\phi}\approx 0.056$ $(R^2_{\theta\phi}/2\approx 0.028)$ を得た．

7.2.2 馬場–Jammalamadaka–Sarma の相関係数

トーラス上の確率ベクトル $(\Theta,\Phi)'$ に対し，それぞれの確率変数 Θ と Φ の平均方向を μ と ν としておく．そのとき，馬場–Jammalamadaka–Sarma (BJS) の相関係数（馬場, 1981 [15]; Jammalamadaka and Sarma, 1988 [36]）は

$$\rho_{\mathrm{BJS}}(\Theta,\Phi)=\frac{E\{\sin(\Theta-\mu)\sin(\Phi-\nu)\}}{\sqrt{E\{\sin^2(\Theta-\mu)\}E\{\sin^2(\Phi-\nu)\}}}$$

で定義される．確率変数間の相関係数と類似な定義であれば，分母の $E\{\sin^2(\Theta-\mu)\}$ は $\mathrm{Var}\{\sin(\Theta-\mu)\}$ となるべきと思われるかも知れないが，平均方向の定義から $E(e^{\mathrm{i}\Theta})=\rho e^{\mathrm{i}\mu}$ $(\rho>0)$ なので，

$$\begin{aligned}E\{\sin(\Theta-\mu)\} &= (\cos\mu)\,E(\sin\Theta)-(\sin\mu)\,E(\cos\Theta)\\ &= (\cos\mu)\,\rho\sin\mu-(\sin\mu)\,\rho\cos\mu\\ &= 0\end{aligned}$$

となり，実際 $E\{\sin^2(\Theta-\mu)\}=\mathrm{Var}\{\sin(\Theta-\mu)\}$ である．同様に，分子は $\mathrm{Cov}\{\sin(\Theta-\mu),\sin(\Phi-\nu)\}$ となっている．また，BJS の

相関係数は

$$\rho_{\mathrm{BJS}} = \frac{E[\cos\{\Theta - \Phi - (\mu - \nu)\} - \cos\{\Theta + \Phi - (\mu + \nu)\}]}{2\sqrt{E\{\sin^2(\Theta - \mu)\}E\{\sin^2(\Phi - \nu)\}}}$$

と表すこともできる．BJS の相関係数はつぎの諸性質を持つ：

(a) ρ_{BJS} は各確率変数 Θ と Φ のゼロ方向をどこに取るかに依存しない．

(b) $\rho_{\mathrm{BJS}}(\Theta, \Phi) = \rho_{\mathrm{BJS}}(\Phi, \Theta)$.

(c) $-1 \leq \rho_{\mathrm{BJS}} \leq 1$.

(d) Θ と Φ が独立であるとき $\rho_{\mathrm{BJS}} = 0$ が成立つ． 逆は一般には成立しない．

(e) Θ と Φ は，それぞれ全円周上に台を持つとする．$\rho_{\mathrm{BJS}} = 1$ は，$\Theta = \Phi + c_1$（c_1 は定数）(mod 2π) のとき，およびそのときに限り成立つ．また，$\rho_{\mathrm{BJS}} = -1$ は，$\Theta + \Phi = c_2$（c_2 は定数）(mod 2π) のとき，およびそのときに限り成立つ．

性質 (d) の逆が成立たない例をあげておく．パラメータ $0 \leq \mu_1, \mu_2 < 2\pi$ および $0 \leq \gamma_1, \gamma_2, \delta_1, \delta_2 \leq 1/2$ に対し，結合確率密度関数 (SenGupta and Ong, 2014 [60])

$$f(\theta, \phi) = \frac{1}{4\pi^2}\Big\{1 + 2\gamma_1\delta_1\cos(\theta - \mu_1) + 2\gamma_1\delta_2\cos(\phi - \mu_2) \\ +4\gamma_2\delta_1\delta_2\cos(\theta - \mu_1)\cos(\phi - \mu_2)\Big\} \quad (0 \leq \theta, \phi < 2\pi)$$

を定義する．Θ と Φ は明らかに独立ではない．Θ の周辺分布は確率密度関数

$$f(\theta) = \frac{1}{2\pi}\{1 + 2\gamma_1\delta_1\cos(\theta - \mu_1)\}$$

の**ハート型分布** (cardioid distribution) となり，その平均方向は μ_1 となる．同様に，Φ の平均方向 μ_2 を得る．BJS の相関係数の分子は

$$E\{\sin(\Theta - \mu_1)\sin(\Phi - \mu_2)\} = 0$$

で，分母は

$$E\{\sin^2(\Theta - \mu_1)\} \neq 0, \quad E\{\sin^2(\Phi - \mu_2)\} \neq 0$$

となる．よって，Θ と Φ は独立でないにもかかわらず，BJS の相関

係数は $\rho_{\mathrm{BJS}} = 0$ である．

巻込み 2 変量正規分布 (wrapped bivariate normal distribution) は，2 変量正規分布 $N_2(\mu_1, \mu_2, \sigma_1^2, \sigma_2^2, \rho)$ を巻込み法によって構成したトーラス上の分布のことであり，結合確率密度関数は Fourier 級数を使って

$$f(\theta, \phi) = \frac{1}{(2\pi)^2}\left[1 + 2\sum_{p=1}^{\infty} e^{-p^2\sigma_1^2/2}\cos(p\theta^*)\right.$$
$$+2\sum_{q=1}^{\infty} e^{-q^2\sigma_2^2/2}\cos(q\phi^*) + 4\sum_{p=1}^{\infty}\sum_{q=1}^{\infty} e^{-(p^2\sigma_1^2+q^2\sigma_2^2)/2}$$
$$\left.\times\left\{e^{pq\rho\sigma_1\sigma_2}\cos(p\theta^* - q\phi^*) + e^{-pq\rho\sigma_1\sigma_2}\cos(p\theta^* + q\phi^*)\right\}\right]$$

と表現される[3]．ここで，$\theta^* = \theta - \mu_1$，$\phi^* = \phi - \mu_2$ を表す．巻込み 2 変量正規分布では，BJS の相関係数は

[3] たとえば，清水 (2018a) [10] の第 7 章を参照．

$$\rho_{\mathrm{BJS}}(\Theta, \Phi) = \frac{\sinh(\rho\sigma_1\sigma_2)}{\sqrt{\sinh(\sigma_1^2)\sinh(\sigma_2^2)}}$$

と簡潔な形を持つ．

一方，トーラス上の分布として **2 変量 von Mises 分布** (bivariate von Mises distribution) が知られている．その結合確率密度関数は

$$f(\theta, \phi) \propto \exp\{\kappa_1\cos(\theta - \mu_1) + \kappa_2\cos(\phi - \mu_2)$$
$$+(\cos\theta, \sin\theta)A(\cos\phi, \sin\phi)'\}$$

の形で与えられる．ここで，A は 2×2 定数行列である．A が特別な場合には，$f(\theta, \phi)$ は，たとえば，

$$f(\theta, \phi) = C^{-1}\exp\{\kappa_1\cos(\theta - \mu_1) + \kappa_2\cos(\phi - \mu_2)$$
$$+\lambda\sin(\theta - \mu_1)\sin(\phi - \mu_2)\}$$

のようになり，この場合，正規化定数 C は第 1 種変形 Bessel 関数を用いて表現することができる．しかし，この特別な場合においてさえ，BJS の相関係数は，求められなくはないものの，面倒な形となる．

7.2.3 増山–Fisher–Lee の相関係数

トーラス上の確率ベクトル $(\Theta, \Phi)'$ について独立なコピー $(\Theta_1, \Phi_1)'$

と $(\Theta_2, \Phi_2)'$ から計算される

$$\rho_{\mathrm{MFL}} = \frac{E\{\sin(\Theta_1 - \Theta_2)\sin(\Phi_1 - \Phi_2)\}}{\sqrt{E\{\sin^2(\Theta_1 - \Theta_2)\}E\{\sin^2(\Phi_1 - \Phi_2)\}}}$$

を相関係数として採用できる．第 7.2.2 項で示したのと同じように，μ_1 を Θ の平均方向とするとき，

$$E\{\sin(\Theta_1 - \Theta_2)\} = E\left[\sin\{(\Theta_1 - \mu_1) - (\Theta_2 - \mu_1)\}\right] = 0$$

だから，$E\{\sin^2(\Theta_1 - \Theta_2)\} = \mathrm{Var}\{\sin(\Theta_1 - \Theta_2)\}$ である．ρ_{MFL} は区間 $[-1, 1]$ 内にその値を取る．

データ $(\theta_j, \phi_j)'$，$j = 1, \ldots, n$ $(n \geq 2)$ に対しての相関係数は，

$$\hat{\rho}_{\mathrm{MFL}} = \frac{\sum_{1 \leq j < k \leq n} \sin(\theta_j - \theta_k)\sin(\phi_j - \phi_k)}{\left\{\sum_{1 \leq j < k \leq n} \sin^2(\theta_j - \theta_k) \sum_{1 \leq j < k \leq n} \sin^2(\phi_j - \phi_k)\right\}^{1/2}}$$

となる．この量は Masuyama (1939) [50], Fisher and Lee (1983) [32] で提案された．$\hat{\rho}_{\mathrm{MFL}}$ は，また，

$$\hat{\rho}_{\mathrm{MFL}} = \frac{4(AB - CD)}{\{(n^2 - E^2 - F^2)(n^2 - G^2 - H^2)\}^{1/2}}$$

と表すことができる．ここで，

$$A = \sum_{j=1}^{n} \cos\theta_j \cos\phi_j, \quad B = \sum_{j=1}^{n} \sin\theta_j \sin\phi_j,$$
$$C = \sum_{j=1}^{n} \cos\theta_j \sin\phi_j, \quad D = \sum_{j=1}^{n} \sin\theta_j \cos\phi_j,$$
$$E = \sum_{j=1}^{n} \cos(2\theta_j), \quad F = \sum_{j=1}^{n} \sin(2\theta_j),$$
$$G = \sum_{j=1}^{n} \cos(2\phi_j), \quad H = \sum_{j=1}^{n} \sin(2\phi_j)$$

を表す．$\hat{\rho}_{\mathrm{MFL}}$ の右辺の分子は，

$$\sum_{1 \leq k < j \leq n} \sin(\theta_k - \theta_j)\sin(\phi_k - \phi_j)$$
$$= \sum_{1 \leq k < j \leq n} \begin{vmatrix} \sin\theta_k & \sin\theta_j \\ \cos\theta_k & \cos\theta_j \end{vmatrix} \times \begin{vmatrix} \sin\phi_k & \sin\phi_j \\ \cos\phi_k & \cos\phi_j \end{vmatrix}$$

と行列式を用いて表現できる．分母も類似の表現が可能であることは明らかであろう．

図 7.2 の (a) で示した 2019 年 6 月の東京における朝 10 時と正午 12 時の風向データについて増山–Fisher–Lee の相関係数 $\hat{\rho}_{\mathrm{MFL}}$ を求めると，約 0.533 となった．また，(b) で示したテルモトガとスルフォロブスの細菌の相同遺伝子の位置については，ゼロに近い値の約 0.006 を得た．

7.2.4 その他の新しい相関係数

Hoeffding の association に類似した相関係数は，Shieh *et al.* (2011) [61] によって

$$\max_{0\le\delta<2\pi}\frac{\mathrm{Cov}(F_\Theta(\Theta),F_\Phi(\mathrm{mod}(\Phi+\delta)))}{\sqrt{\mathrm{Var}(F_\Theta(\Theta))\mathrm{Var}(F_\Phi(\mathrm{mod}(\Phi+\delta)))}}$$

と提案された．ここで，$F_\Theta(\cdot)$ と $F_\Phi(\cdot)$ は，それぞれ，Θ と Φ の分布関数を表す．$F_\Theta(\Theta)$ と $F_\Phi(\Phi)$ は区間 $[0,1]$ 上の一様分布に従う．また，$\mathrm{mod}(\Phi+\delta)$ は $\Phi+\delta \pmod{2\pi}$ を意味するものとする．

最近，Zhan *et al.* (2019) [72] により別の相関係数が提案されているので，本節の残りではそれらについて紹介する．まず，二つの角度 α と β $(0\le\alpha,\beta<2\pi)$ に対して，$\delta=\alpha-\beta$ $(-2\pi<\delta<2\pi)$ とおくとき，角度の**順序関数** (order function) を

$$\begin{aligned} h(\alpha,\beta) &= [(\delta+2\pi) \bmod 2\pi]-\pi \\ &= \begin{cases} \delta+\pi & (-2\pi<\delta<0) \\ \delta-\pi & (0\le\delta<2\pi) \end{cases} \end{aligned}$$

と定義する．たとえば，$(\alpha,\beta)=(\pi/4,\pi/2),(\pi/4,\pi),(\pi/4,3\pi/2)$ のとき，$\delta=-\pi/4,-3\pi/4,-5\pi/4$ だから $h(\alpha,\beta)=3\pi/4,\pi/4,$ $-\pi/4$ となる（図 7.4 参照）．

そうして，増山–Fisher–Lee の相関係数における正弦関数のかわりに角度の順序関数で置き換えたときの「相関係数」は，$(\Theta,\Phi)'$ の独立なコピー $(\Theta_1,\Phi_1)'$ と $(\Theta_2,\Phi_2)'$ に対し，

$$\rho_{\mathrm{o}}=\frac{E[h(\Theta_1,\Theta_2)h(\Phi_1,\Phi_2)]}{\sqrt{E[\{h(\Theta_1,\Theta_2)\}^2]E[\{h(\Phi_1,\Phi_2)\}^2]}}$$

と定義される．この相関係数はつぎの諸性質を持つ：

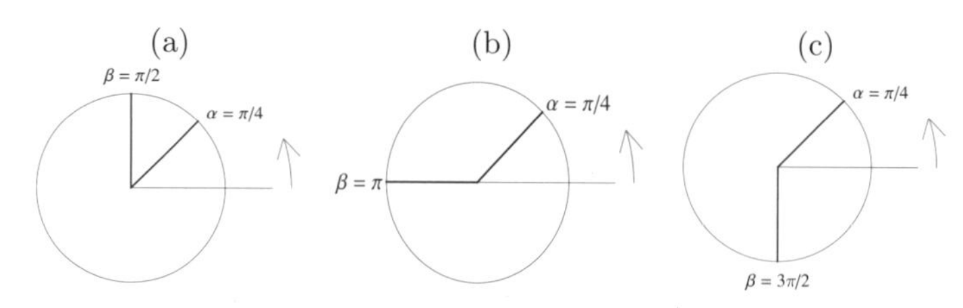

図 7.4 角度の順序関数の例： (a) $(\alpha, \beta) = (\pi/4, \pi/2)$, (b) $(\pi/4, \pi)$, (c) $(\pi/4, 3\pi/2)$ のとき，(a) $h(\delta) = 3\pi/4$, (b) $\pi/4$, (c) $-\pi/4$.

(1) $-1 \leq \rho_o \leq 1$.

(2) $\rho_o = \pm 1$ となるのは $\Theta = \pm\Phi + \alpha_0 \mod (2\pi)$（T (toroidal)-linear association）のときでそのときに限る（+ のときは complete positive association，− のときは complete negative association と呼ばれる）．ここで，α_0 は任意に固定された角度を表す．

(3) ρ_o は Θ, Φ の原点の選択に関し不変である．

(4) Θ と Φ が独立であれば，$\rho_o = 0$ となる．

ρ_o のデータ版は，データ $(\theta_1, \phi_1)', \ldots, (\theta_n, \phi_n)'$ に対し，

$$\hat{\rho}_o = \frac{\sum_{1 \leq j < k \leq n} h(\theta_j, \theta_k) h(\phi_j, \phi_k)}{\sqrt{\left[\sum_{1 \leq j < k \leq n} \{h(\theta_j, \theta_k)\}^2\right] \left[\sum_{1 \leq j < k \leq n} \{h(\phi_j, \phi_k)\}^2\right]}}$$

で与えられる．増山–Fisher–Lee の相関係数 $\hat{\rho}_{\mathrm{MFL}}$ と $\hat{\rho}_o$ を比較してみるとつぎのようになる．$\theta_1 = 0, \theta_2 = \pi/8, \theta_3 = \pi$ とし，対応して $\phi_j = \theta_j + \pi/2 \mod (2\pi)$ (T-complete positive association) とすると $\phi_1 = \pi/2, \phi_2 = 5\pi/8, \phi_3 = 3\pi/2$ となる．したがって，$\hat{\rho}_{\mathrm{MFL}} = \hat{\rho}_o = 1$ を得る．θ_2 のかわりに $\theta_2^* = 7\pi/8$ とし，他の $\theta_1, \theta_3, \phi_j$ $(j = 1, 2, 3)$ は前のと同じとすると，T-linear association は成立たないが $\hat{\rho}_{\mathrm{MFL}}$ は $\hat{\rho}_{\mathrm{MFL}} = 1$ のままである．一方，$\hat{\rho}_o$ は $\hat{\rho}_o = 0.28$ となる（図 7.5 参照）．

トーラス上のデータに対して，直線的データの場合の Kendall の相関係数に類似した「相関係数」は，

$$\tau_o = \Pr(h(\Theta_1, \Theta_2) h(\Phi_1, \Phi_2) > 0) - \Pr(h(\Theta_1, \Theta_2) h(\Phi_1, \Phi_2) < 0)$$

と定義される．τ_o はデータから

$$\hat{\tau}_o = \left[\binom{n}{2} - N_0\right]^{-1} \sum_{1 \leq j < k \leq n} \mathrm{sgn}\{h(\theta_j, \theta_k)\} \mathrm{sgn}\{h(\phi_j, \phi_k)\}$$

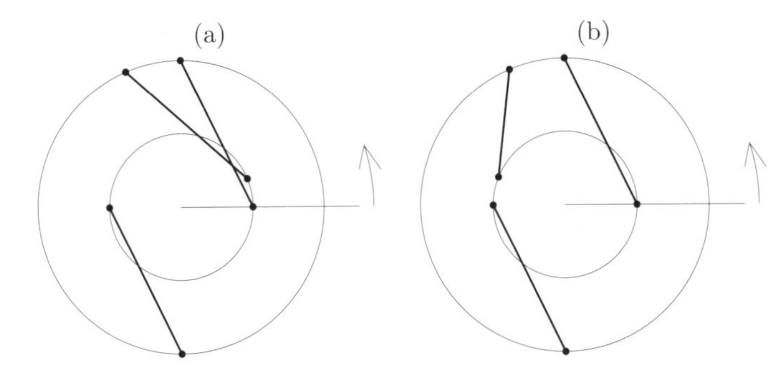

図 7.5 増山–Fisher–Lee の相関係数 $\hat{\rho}_{\mathrm{MFL}}$ と $\hat{\rho}_{\mathrm{o}}$ の比較：(a) 内側の円 $\theta_1 = 0, \theta_2 = \pi/8, \theta_3 = \pi$，外側の円 $\phi_j = \theta_j + \pi/2 \bmod (2\pi)$ $(j = 1,2,3)$: $\hat{\rho}_{\mathrm{MFL}} = \hat{\rho}_{\mathrm{o}} = 1$，(b) 内側の円 $\theta_1 = 0, \theta_2 = 7\pi/8, \theta_3 = \pi$，外側の円 $\phi_1 = \pi/2, \phi_2 = 5\pi/8, \phi_3 = 3\pi/2$: $\hat{\rho}_{\mathrm{MFL}} = 1$，$\hat{\rho}_{\mathrm{o}} = 0.28$.

と推定する．ただし，$\mathrm{sgn}(z) = 1$ $(z > 0)$，0 $(z = 0)$，-1 $(z < 0)$ を表し，N_0 は個数 $\#[\mathrm{sgn}\{h(\theta_j, \theta_k)\}\mathrm{sgn}\{h(\phi_j, \phi_k)\} = 0$ $(1 \le j < k \le n)]$ を表す．相関係数 τ_{o} は ρ_{o} と類似の諸性質を持つ：

(1) $-1 \le \tau_{\mathrm{o}} \le 1$.
(2) $\tau_{\mathrm{o}} = 1$ (-1) となるのは，すべての $1 \le j < k \le n$ に対して $h(\theta_j, \theta_k)h(\phi_j, \phi_k) > 0$ (< 0) となるときでそのときに限る．
(3) τ_{o} は Θ, Φ の原点の選択に関し不変である．

直線的データの場合の Kendall の相関係数に類似した既存の量に

$$\hat{\Delta}_n = \left[\binom{n}{2} - N_0\right]^{-1} \times \sum_{1 \le i < j < k \le n} \mathrm{sgn}(\theta_i - \theta_j)\mathrm{sgn}(\theta_j - \theta_k)\mathrm{sgn}(\theta_k - \theta_i) \times \mathrm{sgn}(\phi_i - \phi_j)\mathrm{sgn}(\phi_j - \phi_k)\mathrm{sgn}(\phi_k - \phi_i)$$

が知られている (Fisher, 1993 [31])．ただし，N_0 は $\mathrm{sgn}(\theta_i - \theta_j)\mathrm{sgn}(\theta_j - \theta_k)\mathrm{sgn}(\theta_k - \theta_i)\mathrm{sgn}(\phi_i - \phi_j)\mathrm{sgn}(\phi_j - \phi_k)\mathrm{sgn}(\phi_k - \phi_i) = 0$ となるような $1 \le i < j < k \le n$ の組合せの数を表す．この量 $\hat{\Delta}_n$ と $\hat{\tau}_{\mathrm{o}}$ を比較してみる．$\hat{\Delta}_n$ には，つぎのように不都合がある．先の例：$\theta_1 = 0, \theta_2 = \pi/8, \theta_3 = \pi$，対応して $\phi_j = \theta_j + \pi/2 \bmod (2\pi)$ のときは $\hat{\Delta}_n = \hat{\tau}_{\mathrm{o}} = 1$ であり，また，θ_2 のかわりに $\theta_2^* = 7\pi/8$ とし，他の $\theta_1, \theta_3, \phi_j$ $(j = 1,2,3)$ は前のと同じとしても $\hat{\Delta}_n = \hat{\tau}_{\mathrm{o}} = 1$

となる．しかし，$\theta_1 = 0, \theta_2 = \pi/8, \theta_3 = 11\pi/8$，対応して $\phi_j = \theta_j + \pi/2 \bmod (2\pi)$ のときは $\hat{\Delta}_n = \hat{\tau}_\mathrm{o} = 1$ であるが，一方，θ_2 のかわりに $\theta_2^* = 9\pi/8$ とし，他の $\theta_1, \theta_3, \phi_j$ $(j = 1, 2, 3)$ は前のと同じとすると，$\hat{\Delta}_n = 1$ となってしまう．それに対し，$\hat{\tau}_\mathrm{o}$ では $\hat{\tau}_\mathrm{o} = -0.33$ となる（図 7.6 参照）．

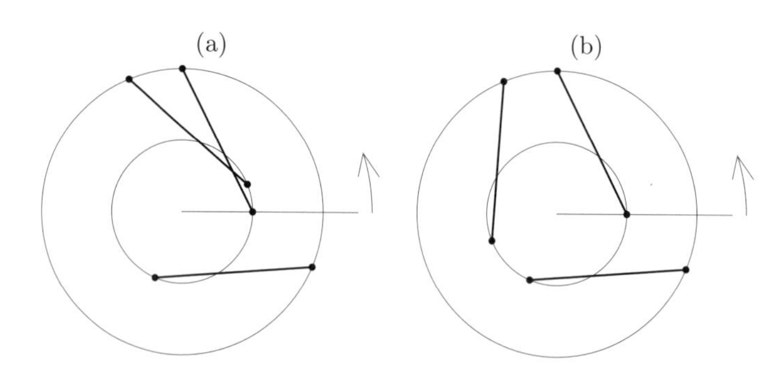

図 7.6 Fisher の相関係数 $\hat{\Delta}_n$ と $\hat{\tau}_\mathrm{o}$ の比較：(a) 内側の円 $\theta_1 = 0, \theta_2 = \pi/8, \theta_3 = 11\pi/8$，外側の円 $\phi_j = \theta_j + \pi/2 \bmod (2\pi)$ $(j = 1, 2, 3)$：$\hat{\Delta}_n = \hat{\tau}_\mathrm{o} = 1$，(b) 内側の円 $\theta_1 = 0, \theta_2 = 9\pi/8, \theta_3 = 11\pi/8$，外側の円 $\phi_1 = \pi/2, \phi_2 = 5\pi/8, \phi_3 = 15\pi/8$：$\hat{\Delta}_n = 1$，$\hat{\tau}_\mathrm{o} = -0.33$.

図 7.2 の (a) 風向データと (b) 相同遺伝子の位置データで埋込み法による相関係数 $R^2_{\theta\phi}/2$，増山–Fisher–Lee の相関係数 $\hat{\rho}_\mathrm{MFL}$，Zhan *et al.* の相関係数 $\hat{\rho}_\mathrm{o}$ と $\hat{\tau}_\mathrm{o}$ の比較を行うと，つぎのようであった．

(a) $R^2_{\theta\phi}/2 \approx 0.503$, $\hat{\rho}_\mathrm{MFL} \approx 0.533$, $\hat{\rho}_\mathrm{o} \approx 0.226$, $\hat{\tau}_\mathrm{o} = 0.38$.
(b) $R^2_{\theta\phi}/2 \approx 0.028$, $\hat{\rho}_\mathrm{MFL} \approx 0.006$, $\hat{\rho}_\mathrm{o} \approx 0.005$, $\hat{\tau}_\mathrm{o} \approx 0.009$.

若干の違いはあるが，傾向としては似た推定値が得られた．

参考文献

[1] 奥野忠一・長田洋・篠崎信雄・広崎昭太・古河陽子・矢島敬二・鷲尾泰俊 訳 (1977).『ラオ　統計的推測とその応用』, 東京図書. 原本は Rao (1973).

[2] 小倉金之助 (1925).『統計的研究法』, 積善館. 第三篇『相関関係』.

[3] 狩野裕 (2009). 不完全データの解析, 生産と技術, **61**, 71–76.

[4] 小西貞則・越智義道・大森裕浩 (2008).『計算統計学の方法—ブートストラップ, EM アルゴリズム, MCMC—』, シリーズ<予測と発見の科学> 5, 朝倉書店.

[5] 椎名乾平 (2016). 相関係数の起源と多様な解釈, 心理学評論, **59**, No. 4, 415–444.

[6] 芝祐順 (1974).『相関分析法』, 東京大学出版会. 初版 1967 年.

[7] 柴田義貞 (1981).『正規分布：特性と応用』, 東京大学出版会.

[8] 柴田里程 (2015).『データ分析とデータサイエンス』, 近代科学社（第 5 章『2 変量データ』, 第 9 章『変量間の相関』).

[9] 渋谷政昭 (2005). 正規スコアと独立性検定, 応用統計学, **34**, 121–138.

[10] 清水邦夫 (2018a).『角度データのモデリング』, 近代科学社.

[11] 清水邦夫 (2018b). 方向統計学における確率分布の最近の話題, 日本統計学会誌, 第 47 巻, 第 2 号, 103–140.

[12] 竹内啓 (1963).『数理統計学』, 東洋経済新報社.

[13] 竹之内脩 (1968).『関数解析演習』, 朝倉書店.

[14] 塚原英敦・小林俊・三浦良造・川崎能典・山内浩嗣・中川秀敏 訳 (2008).『定量的リスク管理－基礎概念と数理技法－』, 共立出版. 原本は McNeil *et al.* (2005).

[15] 馬場康維 (1981). 角度データの統計—Wrapped Normal 分布モデル—, 統計数理研究所彙報（第 33 巻から『統計数理』と誌名変更）, **28**, 41–54.

[16] 間瀬茂・武田純 (2001).『空間データモデリング』, データサイエンス・シリーズ 7, 共立出版.

[17] 元田浩・栗田多喜夫・樋口知之・松本裕治・村田昇 監訳 (2012).『パターン認識と機械学習 下（ベイズ理論による統計的予測)』, 丸善出版（第 9 章『混合モデルと EM』). 原本は Bishop (2006).

[18] Abe, T. and Ley, C. (2017). A tractable, parsimonious and flexible model for cylindrical data, with applications, *Econometrics and Statistics*, **4**, 91–104.

[19] Anderson, T. W. (1957). Maximum likelihood estimates for a multivariate normal distribution when some observations are missing, *Journal of the American Statistical Association*, **52**, 200–203.

[20] Anderson, T. W. (2003). *An Introduction to Multivariate Statistical Analysis*, Third Edition, Wiley.

[21] Baba, K., Shibata, R. and Sibuya, M. (2004). Partial correlation and conditional correlation as measures of conditional independence, *Australian & New Zealand Journal of Statistics*, **46**, 657–664.

[22] Bateman Manuscript Project (1954). *Tables of Integral Transforms*, Vol. I, A. Erdélyi, Ed., McGraw-Hill, New York, p. 262(7).

[23] Bishop, C. M. (2006). *Pattern Recognition and Machine Learning*, Springer.

[24] Borkowf, C. B., Gail, M. H., Carroll, R. J. and Gill, R. D. (1997). Analyzing bivariate continuous data grouped into categories defined by empirical quantiles of marginal distributions, *Biometrics*, **53**, 1054–1069.

[25] Cramér, H. (1973). *Mathematical Methods of Statistics*, Kaigai Publications, Ltd, p. 279. 第 1 版は 1946 年発行.

[26] Daniels, H. E. and Kendall, M. G. (1958). Short proof of Miss Harley's theorem on the correlation coefficient, *Biometrika*, **45**, 571–572.

[27] Davis, R. A., Matsui, M., Mikosch, T. and Wan, P. (2018). Applications of distance correlation to time series, *Bernoulli*, **24**, 3087–3116.

[28] de Siqueira Santos, S., Takahashi, D. Y., Nakata, A. and Fujita, A. (2014). A comparative study of statistical methods used to identify dependencies between gene expression signals, *Briefings in Bioinformatics*, **15**, 906–918.

[29] Drouet Mari, D. and Kotz, S. (2001). *Correlation and Dependence*, Imperial College Press.

[30] Fang, K-T., Kotz, S. and Ng, K-W. (1990). *Symmetric Multivariate and Related Distributions*, Chapman and Hall, 第 2.7 節.

[31] Fisher, N. I. (1993). *Statistical Analysis of Circular Data*, Cambridge University Press, Appendix B. 20, Movements of blue periwinkles.

[32] Fisher, N. I. and Lee, A. J. (1983). A correlation coefficient for circular data, *Biometrika*, **70**, 327–332.

[33] Hogben, D. (1968). The distribution of the sample correlation coefficient with one variable fixed, *Journal of Research of the National Bureau of Standards–B, Mathematical Sciences*, **72B**, 33–35.

[34] Hogben, D., Pinkham, R. S. and Wilk, M. B. (1964). The moments of a variate related to the non-central t, *The Annals of Mathematical Statistics*, **35**, 298–314.

[35] Imoto, T., Shimizu, K. and Abe, T. (2019). A cylindrical distribution with heavy-tailed linear part, *Japanese Journal of Statistics and Data Science*, **2**, 129–154.

[36] Jammalamadaka, S. R. and Sarma, Y. R. (1988). A correlation coefficient for angular variables, In Matusita, K. editor, *Statistical Theory and Data Analysis II*, North Holland, pp. 349–364.

[37] Jammalamadaka, S. R. and SenGupta, A. (2001). *Topics in Circular*

Statistics, World Scientific.

[38] Johnson, N. L., Kotz, S. and Balakrishnan, N. (1995). *Continuous Univariate Distributions*, Volume 2, Second Edition, Wiley, 第 32 章 Distributions of Correlation Coefficients.

[39] Johnson, R. A. and Wehrly, T. E. (1978). Some angular-linear distributions and related regression models, *Journal of the American Statistical Association*, **73**, 602–606.

[40] Kanda, T. and Fujikoshi, Y. (1998). Some basic properties of the mle's for a multivariate normal distribution with monotone missing data, *American Journal of Mathematical and Management Sciences*, **18**, 161–192.

[41] Kass, S. (1989). An eigenvalue characterization of the correlation coefficient, *The American Mathematical Monthly*, **96**, 910–911.

[42] Kedem, B. (1994). *Time Series Analysis by Higher Order Crossings*, IEEE Press, 第 2.4.5 項 An Orthant Probability.

[43] Konishi, S. (1981). Normalizing transformations of some statistics in multivariate analysis, *Biometrika*, **68**, 647–651.

[44] Konishi, S. and Shimizu, K. (1994). Maximum likelihood estimation of an intraclass correlation in a bivariate normal distribution with missing observations, *Communications in Statistics–Theory and Methods*, **23**, 1593–1604.

[45] Langford, E., Schwertman, N. and Owens, M. (2001). Is the property of being positively correlated transitive?, *The American Statistician*, **55**, 322–325.

[46] Ley, C. and Verdebout, T. (2017). *Modern Directional Statistics*, Chapman & Hall/CRC, 第 2.4 節.

[47] Mardia, K. V. and Jupp, P. E. (2000). *Directional Statistics*, Wiley.

[48] Mardia, K. V. and Sutton, T. W. (1978). A model for cylindrical variables with applications, *Journal of the Royal Statistical Society*, **B40**, 229–233.

[49] McNeil, A. J., Frey, R. and Embrechts, P. (2005). *Quantative Risk Management: Concepts, Techniques and Tools*, Princeton University Press.

[50] Masuyama, M. (1939). Correlation between tensor quantities, *Proceedings of the Physico-mathematical Society of Japan, 3rd series*, **21**, 638–647.

[51] Minami, M. and Shimizu, K. (1997). Estimation for a common intraclass correlation in bivariate normal distributions with missing observations, *American Journal of Mathematical and Management Sciences*, **17**, 3–14.

[52] Minami, M. and Shimizu, K. (1998). Estimation for a common correlation coefficient in bivariate normal distributions with missing observations, *Biometrics*, **54**, 1136–1146.

[53] Muirhead, R. J. (1982). *Aspects of Multivariate Statistical Theory*, Wi-

ley.

[54] Olkin, I. and Pratt, J. W. (1958). Unbiased estimation of certain correlation coefficients, *The Annals of Mathematical Statistics*, **29**, 201–211.

[55] Olkin, I. and Viana, M. (1995). Correlation analysis of extreme observations from a multivariate normal distribution, *Journal of the American Statistical Association*, **90**, 1373–1379.

[56] Pearson, K. (1920). Notes on the history of correlation, *Biometrika*, **13**, 25–45.

[57] Pewsey, A., Neuhäuser, M. and Ruxton, G. D. (2013). *Circular Statistics in R*, Oxford University Press, Oxford, 第 8.5 節.

[58] Rao, C. R. (1973). *Linear Statistical Inference and Its Applications*, Second ed., Wiley.

[59] Sang, Y., Dang, X. and Sang, H. (2016). Symmetric Gini covariance and correlation, *The Canadian Journal of Statistics*, **44**, 323–342.

[60] SenGupta, A. and Ong, S. H. (2014). A unified approach for construction of probability models for bivariate linear and directional data, *Communications in Statistics–Theory and Methods*, **43**, 2563–2569.

[61] Shieh, G. S., Zheng, S., Johnson, R. A., Chang, Y-F., Shimizu, K., Wang, C-C. and Tang, S-L. (2011). Modeling and comparing the organization of circular genomes, *Bioinformatics*, **27**, 912–918.

[62] Shimizu, K. (1993). A bivariate mixed lognormal distribution with an analysis of rainfall data, *Journal of Applied Meteorology*, **32**, 161–171.

[63] Siotani, M., Hayakawa, T. and Fujikoshi, Y. (1985). *Modern Multivariate Statistical Analysis: A Graduate Course and Handbook*, American Sciences Press.

[64] Srivastava, M. S. (2002). *Methods of Multivariate Statistics*, Wiley.

[65] Stuart, A. and Ord, J. K. (1994). *Kendall's Advanced Theory of Statistics*, Volume 1: Distribution Theory, Sixth Edition, Edward Arnold, 第 16 章 Distributions Associated with the Normal.

[66] Stuart, A., Ord, J. K. and Arnold, S. (1999). *Kendall's Advanced Theory of Statistics*, Volume 2A: Classical Inference and the Linear Model, Sixth Edition, Arnold, 第 27 章 Statistical Relationship: Linear Regression and Correlation.

[67] Székely, G. J., Rizzo, M. L. and Bakirov, N. K. (2007). Measuring and testing dependence by correlation of distances, *The Annals of Statistics*, **35**, 2769–2794.

[68] Takeuchi, K. and Takemura, A. (1979). Calculation of bivariate normal integrals by the use of incomplete negative-order moments, *Technical Report No. 294*, The Economics Series, Stanford University.

[69] Tanaka, M. and Shimizu, K. (2001). Discrete and continuous expectation formulae for level-crossings, upcrossings and excursions of ellipsoidal processes, *Statistics & Probability Letters*, **52**, 225–232.

[70] Wang, J-L., Chiou, J-M. and Müller, H-G. (2016). Functional data analysis, *Annual Review of Statistics and Its Application*, **3**, 257–295.

[71] Zehna, P. W. (1966). Invariance of maximum likelihood estimators, *The Annals of Mathematical Statistics*, **37**, 744.

[72] Zhan, X., Ma, T., Liu, S. and Shimizu, K. (2019). On circular correlation for data on the torus, *Statistical Papers*, **60**, 1827–1847.

索　引

ア

著 者 紹 介

清水 邦夫 （しみず くにお）

1967 年　3 月　埼玉県立大宮高等学校卒業
1972 年　3 月　東京理科大学理学部応用数学科卒業
1974 年　3 月　東京理科大学大学院理学研究科数学専攻修士課程修了
1976 年　9 月　東京理科大学大学院理学研究科数学専攻博士課程中途退学
1976 年 10 月　東京理科大学理工学部（情報科学科）助手 (1976.10～1985.3) 講師 (1985.4～1989.3) 助教授 (1989.4～1992.3)
1983 年 12 月　理学博士（九州大学）取得
1985 年　4 月　National Center for Atmospheric Research (NCAR) Visiting Researcher (1985.4～1986.3)
1992 年　4 月　東京理科大学理学部（応用数学科）助教授 (1992.4～1997.3) 教授 (1997.4～1998.3)
1998 年　4 月　慶應義塾大学理工学部（数理科学科）教授 (1998.4～2014.3)
2014 年　4 月　統計数理研究所統計思考院特命教授，慶應義塾大学名誉教授

主な著書

『数学的経験』（共訳，森北出版，1986 年）
『Lognormal Distributions: Theory and Applications』（共編著，Marcel Dekker, Inc., 1988 年）
『地球環境データ』（編著，共立出版，2002 年）
『損保数理・リスク数理の基礎と発展』（著，共立出版，2006 年）
『角度データのモデリング』（著，近代科学社，2018 年）

編集　小山 透　伊藤雅英

統計スポットライト・シリーズ 4

相関係数

2020 年 6 月 30 日　　初版第 1 刷発行

著　者　　清水 邦夫
発行者　　井芹 昌信
発行所　　株式会社近代科学社
〒162-0843 東京都新宿区市谷田町 2-7-15
電話 03-3260-6161　振替 00160-5-7625
https://www.kindaikagaku.co.jp/

Printed in Japan
ISBN978-4-7649-0613-6
印刷・製本　　藤原印刷株式会社

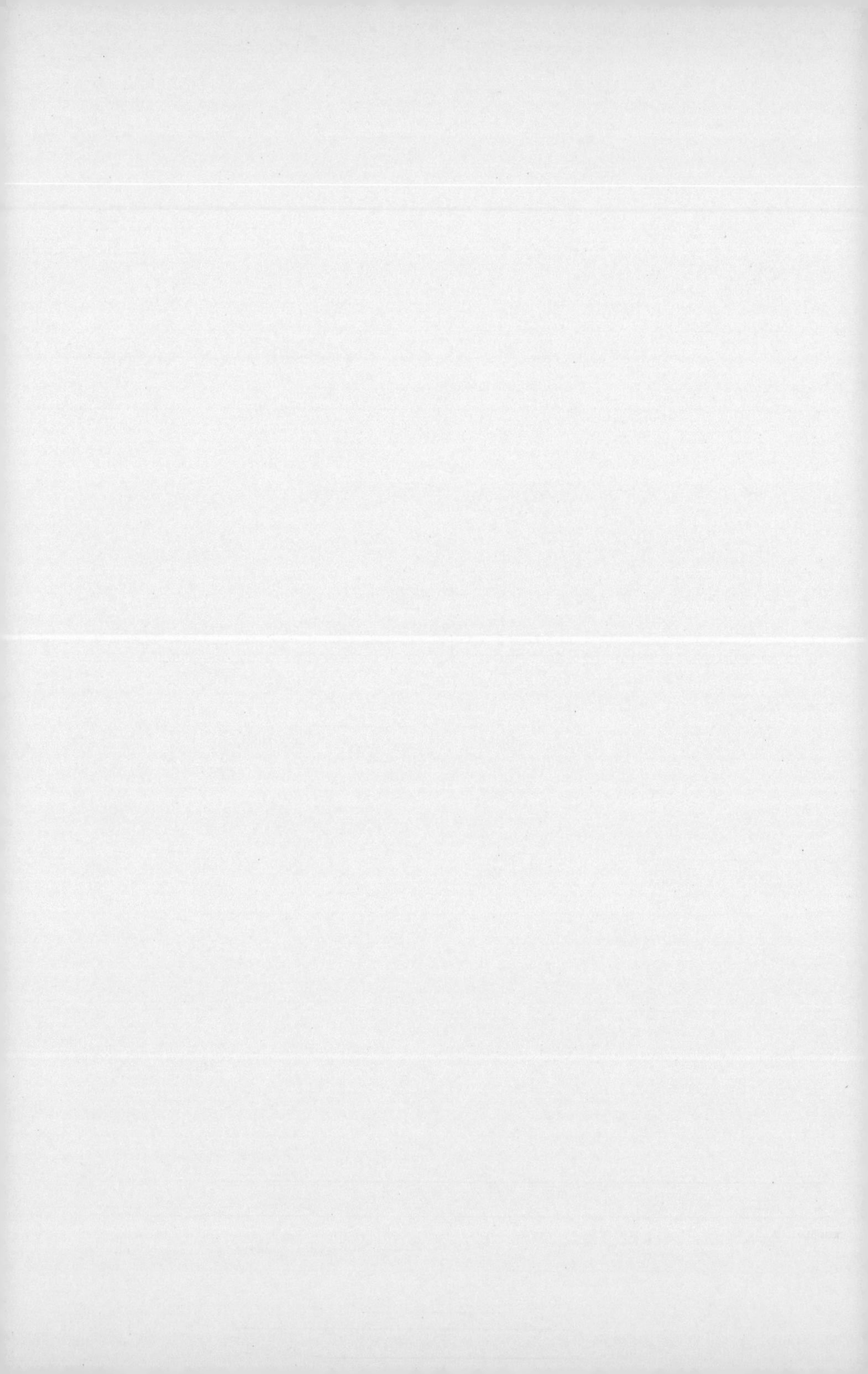